二氧化钛复合光催化剂吸附/光催化降解协同去除新型有机污染物

罗利军　潘学军　蒋峰芝/著

科 学 出 版 社

北 京

内 容 简 介

本书介绍二氧化钛复合光催化剂吸附/光催化降解协同去除新型有机污染物代表双酚 A 和 17α-乙炔基雌二醇。主要综述新型有机污染物的危害、污染现状、去除方法以及吸附/光催化协同技术去除这类污染物的研究进展。重点介绍 7 种二氧化钛复合光催化剂的制备、结构以及与吸附/光催化降解性能之间的关系，为环境中低浓度、难生物降解的新型有机污染物的有效去除提供可能。

本书可作为高等院校环境、材料、化学等专业本科生和研究生的课外读物，也可供相关领域的科研工作者参考。

图书在版编目（CIP）数据

二氧化钛复合光催化剂吸附/光催化降解协同去除新型有机污染物/罗利军，潘学军，蒋峰芝著.—北京：科学出版社，2019.9
ISBN 978-7-03-060537-5

Ⅰ.①二… Ⅱ.①罗… ②潘… ③蒋… Ⅲ.①二氧化钛－光催化剂－吸附法－应用－有机污染物－污染防治②二氧化钛－光催化剂－有机物降解－应用－有机污染物－污染防治 Ⅳ.①X5

中国版本图书馆 CIP 数据核字（2019）第 028469 号

责任编辑：郑述方/责任校对：彭　映
责任印制：罗　科/封面设计：墨创文化

科学出版社 出版

北京东黄城根北街 16 号
邮政编码：100717
http://www.sciencep.com

成都锦瑞印刷有限责任公司印刷
科学出版社发行　各地新华书店经销

*

2019 年 9 月第 一 版　开本：B5（720×1000）
2019 年 9 月第一次印刷　印张：9 1/4
字数：200 000

定价：**98.00 元**
（如有印装质量问题，我社负责调换）

前　　言

　　低浓度、高毒性新型有机污染物的污染控制是环境领域关注和治理的热点和难点问题。这类污染物包括药物、个人护理品、内分泌干扰物、表面活性剂、消毒副产物、农药、阻燃剂和各种工业添加剂。其中，环境中高毒性、低浓度、疏水性的环境内分泌干扰物（endocrine disrupting chemicals，EDCs）对人类健康和生态环境带来极大危害。二氧化钛（TiO_2）光催化是一种绿色、环保及最有前途的水处理技术之一。然而，由于 TiO_2 的低比表面积和亲水性使其对疏水性的 EDCs 基本没有吸附能力，只有在高浓度的情况下，利用 TiO_2 处理水中 EDCs 才能取得较好的降解效果，而实际每升水体中只有几纳克到几微克，远达不到实验降解的浓度要求，所以实际处理效果不佳。为了解决这个问题，制备具有吸附能力的 TiO_2 复合光催化剂降解水中低浓度的环境内分泌干扰物成为目前研究的重要课题。

　　本书共分 10 章，主要综述 EDCs 及其去除方法以及吸附/光催化协同技术去除这类污染物的进展。重点阐述 TiO_2/疏水改性沸石（介孔硅）、TiO_2/石墨烯和 TiO_2/生物质炭三种类型光催化剂的合成、结构表征以及通过吸附/光催化降解协同去除新型有机污染物。讨论这三类催化剂的制备和降解条件的优化以及复合材料的微观结构与吸附/光催化降解性能之间的内在关系。

　　本书主要内容是著者多年从事 EDCs 的分析检测、环境化学行为研究、纳米材料的合成和表征以及利用纳米材料通过吸附/光催化技术去除这类污染物的研究成果，同时也参考了国内外学者的最新研究成果。其中第 3 章由张学嘉完成，第 7章、第 8 章由杨烨完成，其余各章由罗利军完成，全书由潘学军、蒋峰芝、罗利军和赵世民负责总体规划和统稿。

　　本书著写工作得到了许多专家、学者的帮助和支持，并提供了很多宝贵建议及意见，著者对他们表示衷心的感谢，对引用相关文献的作者致以由衷的谢意。

　　本书由云南民族大学高水平民族大学建设学院特区项目资助出版，同时感谢国家自然科学基金项目（21763032，21767030）、云南省应用基础研究计划重点项目（2013FA005）和云南省自然科学基金面上项目（2016FB014）在研究内容方面给予的资助。

　　由于著者水平有限，书中难免会有疏漏之处，恳请读者批评指正。

著者

2018 年 10 月

目 录

第 1 章　环境内分泌干扰物概述

1.1　环境内分泌干扰物

　　环境的持续恶化是 21 世纪的主题之一，大气污染和水污染一直是困扰我们的两大问题，已严重影响了人们的日常生活和生存空间。在这种背景下，环境污染的防治必然成为社会关注的热点和重点。作为环境工作者，控制污染，保护环境，开发高效节能、绿色环保安全的技术是工作重点，也是义不容辞的责任。我国水资源总量为 2.8 万亿 m^3，水资源总量占世界第 6 位，但由于人口基数大，人均占有量很低，约为世界人均的 1/4，使得我国是 13 个人均水资源极度匮乏的国家之一。然而，在日常生产和生活中，大量有毒有害污染物通过废水、废气、废渣和农药等多种途径不断进入水体，造成水体严重污染。有媒体报道指出，中国城市水域受污染率高达 90% 以上，已经严重影响人们的生产和生活，甚至直接威胁到人体健康和生物的生存。因此，水污染的防治已经成为社会和国家的重点工作之一。目前，种类繁多的人用与兽用药物、个人护理品、内分泌干扰物、表面活性剂、全氟化合物、饮用水消毒副产物、农药、溴化阻燃剂和各种工业添加剂等微污染物引起了环境科学工作者和社会的广泛关注，是未来水污染治理重点关注的领域。其中，环境内分泌干扰物（endocrine disrupting chemicals，EDCs）是指由于介入生物体内荷尔蒙的合成、分泌、体内输送、结合、反应或消除，干扰生物体正常性的维持，从而危害生殖、发育或行为等生物过程的外源性化学物质[1]。1996 年，Colborn[2] 等所著的 *Our Stolen Future* 揭露了生物体长期暴露于低浓度而且具有类激素功能的化学物质时，将可能会出现发育异常、生殖障碍及代谢紊乱等症状，该书出版后引起了许多发达国家和地区对 EDCs 的关注。1998 年，欧洲环境毒理学和化学学会将 EDCs 列为当年年会的重要主题，在这之后，日本、美国、经济合作与发展组织以及世界野生动物基金会等相继对环境中 EDCs 的污染现状、分布特征、环境风险及环境管理等作了相关的讨论和总结，并提出了研究和治理 EDCs 的整体规划和实施方案[3]。2000 年，英国皇家学会出版的 *Endocrine Disrupting Chemicals*（*EDCs*）一书中，EDCs 被认为是对人类和动物内分泌系统的正常功能造成恶性影响的物质。大量野外研究表明：在鱼类、两栖类、鸟类和哺乳动物中都发现了与 EDCs 效应直接相关的生物损害，如出现生殖紊乱和性器官变形、性逆转及引起雌性化等相关问题。环境中的许多化学物质具有内分泌干扰作用（表 1.1），这些化合物性质差异极大，既有难降解的持久性有机污染物（persistent organic pollutants，POPs）（如多氯联苯、二噁英、有机氯农药等），又有易分解的动物及人类排泄的激素、生育控制药物（类固醇类，图 1.1）、塑料添加剂及洗涤剂降解产物（酚类，图 1.2）、天然植物激素、极性除草剂、杀虫剂、微生物毒素以及某些重金属等。

表 1.1　EDCs 的分类

类别	举例
植物雌激素	香豆雌酚、染料木黄酮和玉米赤霉烯酮等
天然雌激素	雌酮、17β-雌二醇和雌三醇等
人工合成药用雌激素	己烯雌酚、17α-乙炔基雌二醇、己烷雌酚、炔雌醇、炔雌醚和溴萘酚等
烷基酚及双酚类化合物	壬基酚、辛基酚、枯烯基酚、双酚 A 和双酚 F 等
农药类	六六六、对硫磷、甲草胺、杀草强、多菌灵、六氯苯、林丹（β-666）、灭蚁灵、灭敌威和二溴氯丙烷等
邻苯二甲酸酯类	邻苯二甲酸二丁酯、邻苯二甲酸二丙酯、邻苯三甲酸二（2-乙基）己酯和邻苯二甲酸苄酯等
多溴联苯与二噁英类	多溴联苯、多氯联苯、二噁英、呋喃类和苯并芘等
表面活性剂	烷基酚聚氧乙烯醚等
重金属类	铅、镉、汞、砷和三丁基锡等

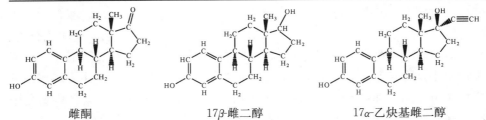

雌酮　　　　　　　　　17β-雌二醇　　　　　　　　17α-乙炔基雌二醇

图 1.1　类固醇类 EDCs 的化学结构

双酚 A　　　　　　　　　　　　　　壬基酚

图 1.2　酚类 EDCs 的化学结构

从表 1.1 可知，EDCs 部分来自自然释放的植物雌激素，但更多的是人为排放，如农药生产、化学工业合成及使用过程中产生的工业废水排放，人畜排泄的尿液、粪便中含有的荷尔蒙和人工甾体类有机物（避孕药等）。这些 EDCs 在每升水体中的浓度不定，通常以纳克或微克计。它们具有毒性持久性、危害潜伏性、毒性大、浓度低、疏水性强，可通过食物链富集，逐级放大，对野生生物和食物链高端的人类的健康生存及持续繁衍构成严重威胁。野外调查和实验室研究表明[4,5]：EDCs 能够造成动物生殖紊乱、性器官变异、性逆转和雌性化等生物损坏，导致人类不孕不育、肥胖、糖尿病、免疫功能下降、心脏病、肿瘤及神经缺陷等疾病的发生率增加。其中，17β-雌二醇和17α-乙炔基雌二醇分别是雌激素效应最强的天然雌激素和人工合成药用雌激素，雌激素相对活性分别为 100 和 246，即使在极低浓度下（ng/L）均有很强的内分泌干扰效应。

1.2　双酚 A、17β-雌二醇和17α-乙炔基雌二醇简介

1.2.1　双酚 A、E2 和 EE2 的性质

双酚 A、17β-雌二醇（E2）和17α-乙炔基雌二醇（EE2）分别是化工原料、天然雌激素和人工合成激素的代表。它们的分子结构如图 1.1 和图 1.2 所示，其理化性质如表 1.2 所示。从表 1.2 可知，双酚 A 常温下是白色结晶鳞片，通常易溶于乙醇、丙酮、乙醚和苯等有机溶剂，难溶于水，是一种疏水性很强的有机化合物。由于双酚 A 结构有两个芳香环、烷基侧链及两个羟基，因此，双酚 A 在水溶液中可以电离，带负电。双酚 A 是生产聚碳酸酯、环氧树脂等多种高分子材料的主要化工原料，也可用于生产增塑剂、阻燃剂、抗氧化剂、热稳定剂、橡胶防老剂、农药、涂料和燃料等精细化工产品，社会需求量巨大。据统计，2012 年我国双酚 A 的消费量大约为 50 万 t，全球每年双酚 A 产量为 300 万 t[6]。E2 是人体内卵巢成熟滤泡分泌的一种自然雌激素，能增进和调节女性器官及第二性征的正常发育。一般认为E2 是雌激素效应最强的天然雌激素，是一种雌性激素类药物，与孕激素结合用于避孕，也可以用于一些女性疾病如乳腺癌的治疗，临床用于卵巢机能不全或卵巢激素不足引起的各种症状治疗。EE2 是人工合成的雌激素，与炔诺酮配制成避孕药，经口服进入人体后被胃肠道吸收，它可以抑制排卵，从而达到避孕的效果，每年开的处方药量大约为 100 kg[7]，一般经肝脏代谢后，EE2 分别以 62% 和 38% 通过粪便和尿液排出，最终到达污水处理厂。它一般由 9-羟甲基二酮发酵成雌酚酮，然后经乙炔化制备而得。它为四环分子结构，并且以苯环和芳香环为其明显特征，第一个环为酚环，故具有弱酸性。

表 1.2　双酚 A、E2 和 EE2 的物理化学性质

性质	双酚 A	E2	EE2
分子式	$C_{15}H_{16}O_2$	$C_{18}H_{24}O_2$	$C_{20}H_{24}O_2$
外观和性状	白色晶体，片状或颗粒状	白色或乳白结晶性粉末	白色或奶白色结晶粉末，无气味
pK_a	9.6~10.2	10.5~10.7	
摩尔质量（g/mol）	228.29	272.39	296.4

性质	双酚 A	E2	EE2
溶解度 （水，20～25 ℃，mg/L）	120～300	3.9～13.3	4.8～19.1
熔点/℃	150～155	175～180	182～183
辛醇-水分配系数（Kow）	3.4	3.94	4.15
蒸气压/Pa	5.3×10^{-6}	2.3×10^{-10}	4.5×10^{-11}

1.2.2　双酚 A、E2 和 EE2 在水体中的污染现状

双酚 A、E2 和 EE2 等几种典型的内分泌干扰物在生产和使用过程中会通过各种途径进入水体，造成水体污染。双酚 A 可在江河水、湖泊水、生活污水和污水处理厂进出水口中被大量检出，甚至在部分饮用水中都有被检出，其浓度分布表现出很大的差异性[8]。王彬博士[9]对滇池水体及 22 条入滇河道中壬基酚二氧乙烯醚、壬基酚单氧乙烯醚、4-壬基酚、双酚 A、枯烯基酚和 4-t-辛基酚等六种酚类污染物的检测结果显示，滇池水体中双酚 A 的浓度可达到 15.48～406.07 ng/L（丰水期）和 50.62～530.33 ng/L（枯水期），22 条入滇河流的浓度为 35.28～1080.97 ng/L。刘晶靓博士[10]对滇池中的典型野生鱼类（鲤鱼、鲫鱼和银白鱼）样品中双酚 A、EE2 等进行检测，结果发现鱼类肌肉中的双酚 A 浓度（10.1～83.3 ng/L）是滇池典型鱼类中污染最严重的酚类 EDCs，且预测出滇池水体中 E2 的浓度达 10.2 ng/L。本课题组的黄斌博士[11]对滇池水体及 22 条入滇河道中 EE2 的检测结果显示，滇池水体中 EE2 平均浓度为 3.19 ng/L，最高浓度可达 4.36 ng/L，22 条入滇河流中 EE2 平均浓度为 10.12 ng/L，最高浓度可达 61.48 ng/L。山东师范大学的王辉[12]对济南不同地区水体中的雌激素进行检测，发现医院出水中 E2 的含量最高，竟高达 137.1 ng/L。Tan[13] 等报道了澳大利亚昆士兰东南部污水处理厂出水中双酚 A 的浓度为 50.0～450.0 ng/L。周海东[14]等采集了北京市三个污水厂的进出水样及其处理工艺过程中各阶段的水样，进行分析和检测，在检出的五种类固醇类 EDCs 中，EE2 的含量最高，为 78～115 ng/L。Johnson[15]等对欧洲多个国家的污水厂的出水水样进行分析检测，EE2 浓度为 0.8～2.8 ng/L。Pessoa[16]等对巴西 5 个不同工艺的污水处理厂的进出水口的雌激素进行检测，结果发现 EE2 的进出水口的最高浓度分别达到 3180 ng/L 和 124 ng/L。Li[17]等对广州瓶装水和自来水进行双酚 A 等有害化学物质的检测，21 个瓶装水样品中有 17 个被检出双酚 A 浓度在 17.6～324 ng/L，而来自 6 个自来水厂的水样中有 5 个被发现含有双酚 A，最高可达 317 ng/L。同济大学的李青松博士[18]对杨树浦水厂的取样分析显示原水中 E2 的浓度在 0～20 ng/L。从以上分析可知，双酚 A、E2 和 EE2 广泛存在于污水处理厂进出水口和地表水，甚至存在于水厂原水或瓶装水中，已严重威胁到饮用水的安全。

1.2.3　双酚 A、E2 和 EE2 的危害

双酚 A、E2 和 EE2 等几种典型的内分泌干扰物均具有明显的内分泌干扰效应。双酚 A 在每升水体中的浓度分布有很大的差异性，其浓度范围为几纳克到几微克[8,19]，然而大量动物实验研究表明低浓度的双酚 A 具有微弱的雌激素作用以及相对较强的抗雄激素作用，长期接触会引起慢性中毒。双酚 A 进入生物体后能与 E2 竞争地与雌激素受体（ER）、谷胱甘肽硫转移酶和人雌激素受体 β 结合，还可以与雄激素受体（AR）、糖皮质激素受体（细胞核受体 GR）和甲状腺激素受体（TR）相结合，产生雌激素的效应[20]。这些作用机制可对生物体的各个系统造成严重的危害，主要表现为生殖毒性[21,22]、神经毒性[23]、免疫毒性[24-27]及致癌致畸[28]，也可能是肥胖、糖尿病[29]和儿童性早熟产生的诱因[29]。

生殖毒性主要表现在对男性生殖系统的损害及功能异常，如导致精子畸形率升高，精液量和精子数减少，精子活动度降低，睾丸和附睾萎缩等；也可引起女性生殖系统的损害及功能异常，如性分化异常、性发育提前、子宫内膜异位、乳腺癌及卵巢癌的发病率增加等。Li[30]研究发现长期暴露在高浓度双酚 A 中的男性工人比未暴露在双酚 A 中的男性工人的性功能障碍发病率高。Hatef[31]研究发现环境中的双酚 A 可造成雄性金鱼卵黄蛋白原增加、雄激素减少、精子成熟度和活力下降。E2 的内分泌干扰效力是壬基酚的千万倍[32]，在极其微弱的浓度下（1 ng/L）便会导致雄性生物产生明显的内分泌混乱效应。Irwin[33]等通过对养殖场附近池塘中的生物进行研究，发现受到过量 E2 的影响的雌性水龟体内的卵黄蛋白原含量较正常值明显偏高，可能改变雌龟的生理机能和产蛋率从而影响种群的生殖适应性。Govoroun[34]等给虹鳟鱼喂食 E2，通过对类固醇酶基因表达的研究表明，E2 能够抑制雄性虹鳟鱼的精巢的 P450c17、3β-HSD 和 P45011β 基因的 mRNA 表达，说明 E2 能够在转录上游控制基因。李洁斐[35]研究了在 EE2 暴露的条件下，对斑马鱼生长发育的影响，结果表明暴露于 EE2 后斑马鱼的体重和体长都有所降低，实验组中还出现了雌鱼比例升高、鱼体的性腺发育缓慢等现象。而 EE2 对生物体的生殖发育的影响，并不仅仅在受暴露的个体本身，在某些情况下也将影响到个体的后代。Korsgaard[36]等研究了 EE2 对怀孕石斑鱼的影响，结果表明 EE2 可导致石斑鱼产生卵黄原蛋白原，使得母体血浆和卵巢流体之间的循环钙质流失，长时间的 EE2 暴露可能会影响胚胎的生长和骨骼形成。刘宝敏[37]研究了 EE2 暴露对美国红鱼的影响，其实验结果证明 EE2 可导致美国红鱼幼鱼个体异常，甚至死亡，还会引起美国红鱼的肾脏指数、肝脏指数和胰脏指数出现变化。以上所提到的证据都表明了，EE2 的强雌激素活性严重威胁生物体的健康。

神经毒性主要体现在使灵长类动物神志不清等方面。神经毒性主要表现在对神经元的伤害。Leranth[38]等研究了一些灵长类动物，发现它们在暴露于 50μg/（kg/d）

剂量的双酚 A 环境中，神经元被明显伤害，引起神经毒性。

致癌致畸主要体现在畸形和雌雄同体等方面。李国超[39]研究了 E2 对斑马鱼的影响，实验结果证明 E2 能够延迟斑马鱼的胚胎孵化时间，使斑马鱼出现畸形甚至死亡的现象。1994 年，Purdom 等人[40]报道了在英国城市污水厂附近，出现了鱼类的雌雄同体现象，他们认为污水厂中 EE2 的释放是产生鱼类雌雄同体的主要原因。

除此之外，雌激素还可引起儿童性早熟。Dodds[41]等人研究了双酚 A 与 ER 作用，发现双酚 A 能诱导人类乳腺癌细胞（MCF-7）的孕酮受体表达水平升高，并刺激 MCF-7 细胞增殖。复旦大学的蔡德培课题组[42]研究了双酚 A 对未成年大鼠的雌激素活性，结果表明双酚 A 在达到有效剂量后即能够发挥拟雌激素作用，和靶细胞上的 ER 结合，造成发育不良、性早熟的现象。

1.2.4　EDCs 的去除方法

目前，EDCs 的去除研究主要通过微生物处理法、活性炭吸附法、膜过滤和化学高级氧化技术。

1. 去除方法简介

（1）微生物处理法是利用从自然界筛选得到的或人工改造的细菌、真菌等微生物利用自身新陈代谢作用消耗水中有机污染物（营养物质），把有机物先经过生物转化降解成结构简单的代谢产物，再矿化成无机物、H_2O 和 CO_2（有氧）或 CH_4（缺氧）。它是一种应用最久、最广，处理费用低，处理量大，效果较好的一种方法。但由于水中 EDCs 浓度低、疏水性强，在用微生物法处理这类污染物时，需要特殊培养的菌种，且要多种菌种协同作用，且降解周期长、降解不完全。例如常用的微生物处理方法[43]（活性污泥法）在去除双酚 A 时去除率为 70%～90%，而其代谢产物 [2,2-二（4-羟苯基）-1-丙醇和 2,3-二（4-羟苯基）-1,2-丙二醇] 无法再降解，并且在厌氧条件下几乎不降解，表现出较长的持久性。本课题组王彬[9]对昆明市主城区八座污水处理厂进出水口的检测发现，进水口和出水口双酚 A 的浓度分别为 458.58～1324.66 ng/L 和 81.77～531.85 ng/L，去除率为 59.85%～90.77%。Roh[44]等用接种了含有雌二醇降解菌株鞘氨醇单胞菌株 KC8 的活性污泥降解 E2，结果发现 E2 的降解率可达 99%。但是，在该实验中只有当固体保留时间超过 10 天以上时，雌激素的去除率才能达到理想状态，实验过程需要时间较长。Weber[45]等使用传统的活性污泥工艺来去除 EE2，结果表明 EE2 的去除效果很差，即便是通过微生物驯化后，活性污泥中可以用来降解 EE2 的微生物有所增加，也不能有效地去除 EE2。李咏梅[46]等利用 A^2O（厌氧-缺氧-好氧）工艺去除 EE2，结果表明 EE2 的总去除率为 80%，其中厌氧反应池、缺氧反应池和好氧反应池的去除率分别为 45%、21% 和 34%。可见，传统的活性污泥工艺对双酚 A、E2 和 EE2 的去除效果并不理想，对这类污染物的去除主要靠活性污泥的吸附功能，且出水依然可以检测到雌激素活性。

（2）吸附法主要是吸附剂通过与污染物之间的相互作用（表面吸附、分配），把有机污染物从水相转移至固体相吸附剂中，然后使其与水体分离，从而实现污染物的有效分离去除。常用的吸附剂有活性炭[47]、碳纳米管[48]、介孔碳[49]和石墨烯[50]等碳质材料，高分子聚合物[51]，疏水性沸石分子筛[52,53]，有机、无机杂化介孔硅[54]等。其中，由于活性炭具有发达的孔结构和巨大的比表面积，化学稳定性好，耐酸耐碱，且吸附能力强，是当今水处理技术中不可缺少的吸附剂，对有机物有较好的去除效果。Tsai[55]等用煤质活性炭和椰子壳活性炭与安山岩、硅藻土、TiO_2和活性白土四种矿石材料对双酚 A 的吸附效果进行了对比研究，结果表明，活性炭能高效去除水中疏水性的双酚 A，四种矿石的吸附能力与活性炭相比明显较弱。Kim[56]等报道混凝、沉淀、过滤和消毒等工艺处理 E2、EE2 是无效的，但利用颗粒活性炭吸附，去除率可达 99%。刘桂芳[57]等研究了活性炭吸附水中 EE2 的效果，结果表明 EE2 的去除率只有 40%～50%。主要原因是大分子化合物的存在会降低活性炭的吸附能力。总之，虽然吸附法取得了较好的效果，但该方法只是把有机污染物从水相转移至固相（固体吸附剂）中，不能彻底去除有机污染物，吸附剂吸附吸附质一段时间后开始解吸而重新进入水体，可能造成二次污染，且吸附剂的回收再利用是一个问题。

（3）膜分离法去除有机污染物的机理是以选择性筛分作用为主，该方法的处理效果与有机物的浓度、疏水能力、分子大小、分子形状、离子电荷、膜的种类等因素有关。因为膜分离技术的去除效果主要通过目标物的大小、电荷斥力和对目标污染物的吸附作用实现的。依据膜孔孔径大小可分为微滤、超滤、纳滤和反渗透四种，可去除 90%左右的有机污染物。Gómez[58]等研究了用微滤膜、超滤膜和反渗透膜去除水中的双酚 A，结果表明反渗透膜对双酚 A 截留能力最好，截留了 85%，而微滤膜和超滤膜的截留能力只有 50%～60%，截留能力主要与膜材料对双酚 A 的吸附能力相关。Cartinella[59]应用正向渗透接触式膜分离污水中的雌激素，E2 的去除率可达 99%以上。Hu[60]等研究了超滤膜去除 EE2，结果表明在最优条件下，超滤膜对 EE2 的去除率可达 90%以上。然而利用膜分离法去除水体中小分子量的有机污染物时效果较差，且利用膜分离法去除有机污染物时，膜孔易堵塞，需要再生，能耗大，且污染物只是被富集而未被降解等缺点限制了膜分离法的应用。

（4）化学高级氧化技术法主要是指通过添加化学试剂（氧化剂）或产生强氧化能力的羟基自由基，通过氧化反应使有机污染物降解的方法，主要包括氯氧化法、臭氧化法、Fenton 氧化法、电化学氧化法和光催化法。

氯氧化法等传统化学方法处理有机污染物不仅会因为加入大量的化学试剂而造成巨大的经济负担，还会因为有机污染物氧化降解不彻底，反而有可能产生环境激素效应和毒性更大的污染物。例如，Hu[61]等对饮用水中的双酚 A 氯化途径和氯化产物进行了分析和研究，结果显示，处理过程产生的氯化衍生物的雌激素活性是双酚 A 的 24 倍，环境风险反而增大。

臭氧因具有很强的氧化能力，常被用来净化和消毒处理废水，在环境保护和化工等方面被广泛应用。目前已有文献报道利用臭氧氧化处理环境内分泌干扰物。刘桂芳等[62]使用臭氧氧化法去除水中 EE2，并优化了其反应条件，结果表明，当臭氧投加量为 63.6μg/L 时，EE2 的去除率可以达到 90% 以上。但是，由于臭氧制备的成本高、难度大，因此臭氧氧化技术的应用前景受到限制。

Fenton 法在处理难降解有机污染物时具有独特的优势，是一种很有应用前景的废水处理技术。H_2O_2 在 Fe^{2+} 的催化作用下分解产生·OH，其氧化电位达到 2.8V，可将有机物氧化分解成小分子。Rosenfeldt[63]研究了利用 UV/H_2O_2 化学高级氧化技术处理水中的双酚 A、E2 和 EE2，结果表明，使用 UV/H_2O_2（H_2O_2 的浓度为 15 mg/L）进行降解，三种污染物的降解率就可以达到 90% 以上。

半导体光催化氧化技术是一种新的"环境友好型"的水处理技术，对多种有机物有明显的降解效果，在光照条件下，半导体受激发产生的光生载流子参与有机污染物的氧化还原反应，使得有机污染物最终变为无毒的 CO_2、H_2O 和无机小分子。Sun 等[64]利用 TiO_2 光催化降解水中的 EE2，并对 EE2 可能的降解途径进行了探讨，结果表明，pH=10 时，EE2 降解率可达 99%，EE2 的芳香环羟基化和芳香环上脂肪族碳的氧化是其主要降解途径。Ohko[65]等人利用 TiO_2 光催化剂降解水中双酚 A，光催化降解 20h 后，双酚 A 完全被矿化成二氧化碳和水等，并对其降解中间体进行雌激素活性研究，结果表明降解中间体无雌激素活性。已有文献报道，利用 TiO_2 光催化降解高浓度（5mg/L）的 17β-雌二醇（E2）[66]和 17α-乙炔基雌二醇（EE2）[67]，取得较好的降解效果。与传统的物理法和微生物处理相比，光催化法在光照条件下，于室温可彻底降解污染物而不需要进一步的处理，操作简单，具有广阔的应用前景。然而实际被污染的每升水体中，这类污染物的浓度仅为几纳克到几微克，尚不能满足光催化降解实验要求的浓度，因为常用的 TiO_2 光催化剂的比表面积有限，商品 TiO_2（P25）的比表面积较小（50m^2/g），由于表面存在着大量羟基，在紫外光的作用下主要表现为亲水性，对这类疏水性的有机污染物基本没有吸附能力，光催化剂表面的污染物浓度极低，且大量研究表明，TiO_2 表面生成的羟基自由基氧化有机物是光催化降解的第一步，有机物在 TiO_2 表面的吸附是决定光催化降解动力学的关键因素之一，因此实际降解效果不好。更为严重的是这类污染物在实际水体中常与大量的极性天然有机质[胡敏酸（HA）和富里酸（FA）]共存，这些有机质可通过极性相互作用优先吸附至 TiO_2 表面，并对 TiO_2 表面产生的羟基自由基有清除作用，目标污染物的降解效率受到很大抑制[68-70]。另一方面，当 TiO_2 光催化降解这类污染物时，降解中间体可能造成更严重的二次污染的问题。Zhu 等[71]研究发现，利用 P25 光催化降解五氯苯酚（5-CP）时，产生了毒性更大的二噁英类物质，造成了更大的环境风险。

综上所述，微生物处理法对水中的 EDCs 具有一定的去除效果，但需要培养特殊的菌种，筛选育种比较麻烦，且要多种菌种协同作用，降解周期长、降解不完全，因此需要改进。吸附法是一种操作简便、运用成本低，可有效去除水体中的 EDCs，但该方法只是把有机污染物从水相转移至固相（固体吸附剂）中，不能彻底去除有机污染物，吸附剂容易达到饱和，因此吸附剂的分离、回收、再生是一个问题。膜分离法是有效去除这类污染物的方法，但运行成本高。TiO_2 光催化法可把水体中的高浓度的 EDCs 彻底降解成 CO_2 和 H_2O，而但对低浓度的这类污染物实际处理效果不佳，且常伴有副产物生成。

2. 光催化技术的发展概况

1972 年日本著名科学家藤岛昭（Fujishima）及其导师本多健一（Honda）在 *Nature* 上报道了利用 TiO_2 电极在 380 nm 紫外光光照下光电催化分解水制氢的研究工作，开辟了光催化研究的新领域[72]。从此，利用半导体光催化技术将太阳能转化为化学能成为研究的热点。1976 年，加拿大的科学家 Carey[73] 等首次利用 TiO_2 在紫外光的照射下降解水体中的多氯联苯，取得很好的降解效果。从此利用光催化降解环境中的污染物成为环境领域研究的热点。迄今已报道利用光催化技术降解了 3000 多种难降解的有机化合物，包括有机染料、酚类、卤代烃、多环芳烃和农药等。常用的光催化剂包括半导体金属氧化物（TiO_2[74]、ZnO[75] 和 Cu_2O[76] 等）和金属硫化物[77]（CdS 等）、钙钛矿（$CaTiO_3$[78]）、多金属氧酸盐[79]（POMs）、银基光催化材料[80]（Ag/AgCl、Ag_3PO_4）、铋基光催化材料[81]（Bi_2O_3、$BiVO_4$、Bi_2WO_6、Bi_2MoO_6）和卤氧化铋光催化剂[82]（BiOCl、BiOBr 和 BiOI））等几种类型。经过近 40 年的研究发现，相对于其他光催化剂，TiO_2 光催化剂因其物理化学性质稳定、抗光腐蚀、高催化活性、安全、无毒、价廉易得和可重复使用等优点，被广泛应用于环境光催化，是最有开发前途的绿色环保催化剂之一。

3. 光催化基本原理

半导体光催化技术的工作原理是在光的作用下，半导体受激发产生的光生载流子参与有机污染物的氧化还原反应，使得有机污染物最终变为无毒的 CO_2 和 H_2O。其中 TiO_2 光催化剂因具有催化效率高、物理化学性质稳定、生物无毒性和低成本等特点，是一种广泛研究的光催化剂，其光催化机理如图 1.3 所示，锐钛矿型 TiO_2 能带是由一个充满电子的低能价带（valence band，VB）和一个空的高能导带（conduction band，CB）构成，价带和导带之间存在一个区域宽度为 3.2 eV 的带隙，当波长小于或等于 387 nm 的紫外光照射至 TiO_2 表面时，价带中的电子（e^-）跃迁到导带，在导带上产生带负电荷的高活性电子（e^-），同时在价带上留下带正电荷的空穴（h^+），形成电子-空穴对，在电子-空穴对扩散到催化剂表面的过程中，一部分电子和空穴在体相内或表面相遇而复合，从而失去光催化活性，另一部分导带电子迁移到半导体表面具有很强的还原能力（-1.5 V），与吸附在催化剂表面的分子氧反应，产生高活性超氧化物自由基（O_2^-，其氧化能力为 1.7 V），最后产生羟基自由基（·OH，氧化能力为 2.8 V），而迁移到半导体表面的空穴具有很强的氧化能力（3.2 V），可以直接氧化有机污染物，或与吸附在半导体表面的水分子反应产生羟基自由基（·OH），然后再把绝大部分的有机污染物氧化分解为 CO_2，H_2O 和无机离子等小分子。TiO_2 的光催化的原理方程表达如下：

$$TiO_2 \xrightarrow{hv \ (<387 \ nm)} TiO_2 \ (e_{CB}^- + h_{VB}^+)$$

$$TiO_2 \ (e_{CB}^-) + (O_2) \ 吸附 \longrightarrow TiO_2 + O_2 \cdot ^-$$

$$O_2 \cdot ^- + H^+ \longrightarrow HO_2 \cdot$$

$$2HO_2 \cdot \longrightarrow O_2 + H_2O_2$$

$$TiO_2 \ (e_{CB}^-) + H_2O_2 \longrightarrow TiO_2 + OH^- + \cdot OH$$

$$TiO_2 \ (h_{VB}^+) + (H_2Of \ H^+ + OH^-) \longrightarrow TiO_2 + \cdot OH + H^+$$

$$\cdot OH + 有机污染物 \longrightarrow CO_2 + H_2O$$

$$TiO_2 \ (h_{VB}^+) + 有机污染物 \longrightarrow CO_2 + H_2O$$

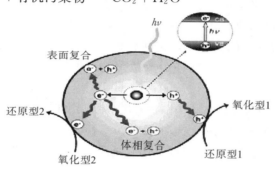

图 1.3　TiO_2 光催化原理示意图[83]

　　光催化技术经过几十年的发展，在环境污染治理和能源领域已经取得了巨大的进步，但是以 TiO_2 半导体为基础的光催化技术处理环境污染物还存在一些关键的科学问题，严重阻碍了其实际应用。

　　（1）锐钛矿 TiO_2 半导体的带隙宽为 3.2 eV，其对应的吸收波长为 387 nm，只能吸收波长为 387 nm 以下的紫外光，光响应范围窄，而这部分紫外光占太阳光比例不足 4%～5%，因此太阳能的利用效率仅在 1% 左右，所以一般的光催化用的光源为紫外灯，降解成本高，严重限制其实际应用。

　　（2）光生电子和空穴在 TiO_2 的体相或表面复合率高，量子效率较低，低于10%，这使得 TiO_2 用于污水处理不仅价格昂贵，而且降解速率较慢。

　　（3）最早研究的 TiO_2 为纳米粉体，接触的比表面积大，光催化降解效果好，但不利于催化剂的回收，容易造成流失浪费，且纳米粉体在高浓度时容易团聚失活等缺点而在实际应用中受到限制，并且研究表明残留在水体中的纳米 TiO_2 对生物体可能存在潜在的细胞毒性。

（4）TiO$_2$ 光催化降解有机污染物属于异相催化，其催化反应必然涉及有机污染物的传质过程，而 TiO$_2$ 光催化剂的比表面积有限，并且由于表面羟基大量存在，在紫外光的作用下主要表现为亲水性[84]，对非极性（疏水性）有机污染物基本没有吸附能力，而大量研究表明，有机物吸附至 TiO$_2$ 表面是被 TiO$_2$ 表面产生的活性自由基光催化降解的关键。当利用 TiO$_2$ 处理环境中低浓度、高疏水性的 EDCs 时，光催化降解效率低，难以达到满意的效果。

（5）TiO$_2$ 降解污染物时，主要是通过光与 TiO$_2$ 作用产生的羟基自由基与有毒有机污染物发生氧化还原反应，这种自由基反应在降解污染物时没有选择性，当几种有机污染物共存时，它优先催化降解吸附在其表面的高浓度污染物，主要是亲水型有机化合物，而低浓度的强疏水性的有机污染物因吸附量少或基本不吸附而达不到有效降解。

针对这些不足，目前 TiO$_2$ 光催化研究主要集中在 TiO$_2$ 的光催化活性的提高、可见光的响应光催化剂的制备、光催化降解机理研究、负载型可回收光催化剂的制备及吸附能力的提高等方面展开。到目前为止，可以通过金属和非金属离子掺杂、贵金属沉积、半导体复合、有机染料光敏化以及制备具有吸附/光催化协同功能的复合光催化剂等方法实现。也可以通过控制 TiO$_2$ 的形貌（球形、棒状、纤维状、管状或片状）、尺寸大小、比表面积、孔体积、孔结构、晶相或 TiO$_2$ 的高活性面的比例（001 面）等方式提高光催化活性。

①金属和非金属离子掺杂。金属和非金属离子掺杂能够使 TiO$_2$ 吸收光的波长扩展到可见光，实现直接利用太阳光中绝大部分（45%）的可见光，而且可以大大提高其光催化活性。通常的非金属掺杂是 N[85,86]、S[87]、C[88] 和 F[89,90] 等单一元素掺杂或 C/N[91]、B/C[92]、C/N/S[93] 等多元素的共掺杂。Asahi[94] 等首次在 *Nature* 上报道了 N 掺杂 TiO$_2$ 用于可见光催化降解染料，取得了较好的降解效果，主要是因为 TiO$_2$ 晶体内掺杂的 N 元素代替了晶格中的部分 O，降低了 TiO$_2$ 的禁带宽度，拓展其光响应范围至可见光区域。过渡金属离子掺杂[95,96] 通常是 Fe、Co 等过渡金属、稀土金属离子。除了金属和非金属离子掺杂，还有金属与非金属离子共掺杂。掺杂的离子在 TiO$_2$ 光催化剂中的作用，主要是在 TiO$_2$ 的禁带中引入一些杂质能级，使 TiO$_2$ 材料能够对较长波长的光子产生响应，达到吸收可见光的目的。同时，还可以在光催化反应过程中，参与捕获和释放光生电子和空穴，控制光生电子和空穴在 TiO$_2$ 粒子内部的扩散过程，减少光生电子-空穴对的复合概率，增强 TiO$_2$ 的光催化活性。②贵金属沉积。半导体光催化材料和贵金属复合主要是利用贵金属改变 TiO$_2$ 体系中的电子分布，影响光催化剂的表面性质，与迁移至材料表面的电子相结合，减少光生电子和空穴的复合概率，从而提高光催化活性。目前报道的贵金属主要包括 Pt[97,98]、Ag[99,100]、Pd[101,102] 和 Au[103,104] 等元素[105]，其中 Pt 的改性效

果最好，但成本最高。Ag 改性的效果次之，且这些贵金属具有表面等离子共振效应，能够直接吸收太阳光中的可见光，在贵金属上产生的光生电子会跃迁到 TiO_2 上，从而使催化剂具有可见光活性，是目前研究的热点之一。③半导体复合。金属氧化物对 TiO_2 进行半导体复合，本质上是利用禁带宽度小的半导体对 TiO_2 进行修饰，提高系统的电荷分离效果，扩展 TiO_2 光谱响应范围。在光照的条件下，禁带宽度小的半导体在可见光下被激发，产生光生电子，光生电子转移至 TiO_2 的导带上去，同时其价带上有空穴产生，从而利用电子-空穴对与有机污染物发生氧化还原反应，产生一系列的光催化反应过程，达到有效利用太阳光的同时提高催化活性的目的。最常用的半导体复合光催化剂有 ZnO-TiO_2[106]、CdS-TiO_2[107] 和 WO_3-TiO_2[108] 等二元复合光催化剂。当 CdS、ZnO 或 WO_3 等半导体做单一催化剂时，虽然带隙宽度较小，可吸收可见光，但性质不稳定，容易发生光腐蚀，而与 TiO_2 复合后，CdS、ZnO 或 WO_3 在可见光作用下产生的电子可转移至 TiO_2 的导带上，实现它们的电子-空穴对的良好分离，从而迁移至 TiO_2 导带的电子和 CdS、ZnO 和 WO_3 价带上产生的空穴均可与有机污染物发生一系列的氧化还原过程，实现污染物的可见光催化降解。半导体复合可形成 I 型、II 型、p-n 型光催化异质结、同质结和 Z 型复合半导体材料（PS-C-PS 和 PS-PS），结构如图 1.4 所示[109]。I 型、II 型和 p-n 型光催化异质结中的光生电子-空穴复合率明显减少，但因异质结材料中空穴所处电位上移，电子所处电位下移，使得空穴和电子的氧化还原能力变弱。Z 型异质结光催化剂在保证光生电子-空穴对有效分离的同时，还可以解决氧化还原能力减弱的问题，是光催化剂的发展方向之一，其工作原理如图 1.4 所示，将半导体 I（PS I）和半导体 II（PS II）直接复合，形成半导体 I-半导体 II（PS I-PS II）Z 型光催化异质结，或在其中间引入一个导体（如 Au、Ag、Pt 或石墨烯等），形成 PS I-导体-PS II（PS I-C-PS II）Z 型光催化异质结。在光的作用下，半导体 I 和半导体 II 在其价带和导带上分别产生光生空穴-电子对，半导体 II 的电子在其异质结区域或在导体的作用下与半导体 I 的空穴复合，而半导体 II 的空穴和半导体 I 的电子留在各自的半导体上，使得复合材料的带宽进一步加大，光生空穴和电子所处的电位更正或更负，空穴和电子具有更强的氧化和还原能力[110]。Tian[111] 等将窄禁带半导体 Bi_2WO_6 和 TiO_2 复合，制备了 TiO_2/Bi_2WO_6 纳米片异质结光催化剂，并在紫外光，甚至可见光、红外光和全太阳光谱下降解水中的甲基橙，均显示很高的催化活性。Zhu[112] 等在 TiO_2 纳米管表面生成了一层具有核壳结构的 $Au@CdS$，形成 PS I-C-PS II 类型的 Z 型异质结光催化剂，在可见光作用下，光催化降解亚甲基蓝，光催化活性有了明显提高。④有机染料光敏化。光敏化是指将光活性化合物（通常为有机染料）通过化学吸附或物理吸附于 TiO_2 半导体的表面，形成染料/TiO_2 的结构形式，利用染料对可见光的响应，扩大了 TiO_2 的吸收波长范围，增加光催化降解有机污染物的效率。常用的光敏化剂主要是有机染料[113,114]、金属有机染料配合物[115,116]，其光敏化机制为在可见光作用下，敏化剂呈激发态，同时将电子注入半导体的导带参与光催化反应。染料敏化型光催化材料的缺点是为了实现光生电子从敏化剂转移至半导体表面，敏化剂必须与半导体紧密接触，这会造成敏化剂与被降解物形成竞争性吸附而导致光催化效率下降，另外在降解污染物的同时，作为敏化剂的染料本身同时被部分降解，缩短其使用寿命。因此选择合适的敏化剂、被降解物是敏化型光催化材料实际应用中必须考虑的问题。

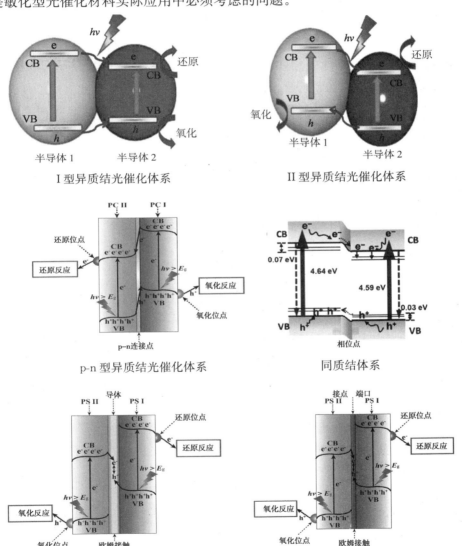

图 1.4 I 型、II 型、p-n 型异质结、同质结和 Z 型光催化体系（PS-C-PS 和 PS-PS）结构示意图[109]

1.3　吸附/光催化协同去除有机污染物的研究进展

　　针对 TiO_2 对低浓度疏水性有机污染物实际处理不佳的问题，目前国内外的研究主要把吸附技术和光催化技术相结合，制备具有吸附/光催化协同功能的复合光催化剂，通过吸附/光催化降解协同去除水体或气相中有机污染物，其去除有机污染物的原理如图 1.5 所示[117]，利用复合光催化剂中的吸附剂组分对低浓度有机染物的强吸附能力，把有机污染物吸附至吸附剂的吸附位点，实现低浓度有机污染物的富集浓缩，然后吸附剂上富集的高浓度有机污染物再连续迁移到与之直接接触的 TiO_2 光催化剂表面，在光照条件，利用 TiO_2 产生的表面的羟基自由基把有机污染物降解为 CO_2 和 H_2O。这类复合光催化剂具有如下优点：①利用吸附剂的作用可将低浓度的有机污染物富集浓缩在吸附剂的孔道内或表面，促进有机污染物从水相迁移至吸附剂，然后再转移至催化剂表面，大大提高 TiO_2 的降解效率。②利用复合光催化剂中的 TiO_2 组分降解吸附在吸附剂表面的有机污染物，可使得吸附剂再生，从而可以实现材料的连续使用，避免了吸附剂因饱和吸附而发生的解吸产生二次污染[118]。③光催化反应过程中产生的中间产物被吸附在吸附剂表面，使降解中间体来不及离开催化剂颗粒表面就被完全降解为 CO_2 和 H_2O，避免了降解中间体可能产生的二次污染问题。例如，Shen[71]等制备了 TiO_2@分子印迹聚合物（molecular imprinting polymer，MIP）光催化剂，并用于降解五氯苯酚（5-CP）时，不产生中间体，且降解速率相对于纯 TiO_2 有明显提高。究其原因主要是光催化反应过程中产生的中间体被吸附在 MIP 表面，使降解中间体来不及离开催化剂表面就又被完全矿化。另外，MIP 可将低浓度的 5-CP 从水相迁移富集至其表面吸附位点，再转移至 TiO_2 催化剂位点，增大污染物在催化位点的浓度，从而提高 TiO_2 的降解效率。这个结果表明具有吸附能力的光催化剂是高效、安全去除这类污染物的潜在光催化剂。④吸附剂可同光催化剂发生相互作用，加速电子-空穴对的分离，从而提高光催化剂的催化活性。例如碳纳米管和石墨烯与 TiO_2 复合，可利用碳纳米管或石墨烯对光生电子的良好迁移能力，实现 TiO_2 产生的光生电子-空穴对的良好分离，从而大大提高 TiO_2 的催化活性。⑤常规的纳米粉体光催化剂常存在分离回收难、易团聚失活等问题，限制了其实际应用，而吸附剂和光催化剂复合可大大减少 TiO_2 的团聚现象，分离回收相对于粉末 TiO_2 来说更容易。常用的吸附剂有活性氧化铝[119,120]、分子筛（沸石分子筛[121-123]、介孔硅[124]）、碳质材料（碳纳米管、石墨烯及生物质炭等）和天然矿物。这些吸附剂因具有比表面积大、化学惰性、吸附能力适中、易于分离回收和低成本等优点而被广泛研究。

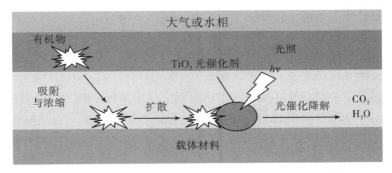

图 1.5　吸附/光催化降解协同去除有机污染物示意图[117]

1.3.1　分子筛/TiO$_2$ 复合光催化剂

　　分子筛的主要类型包括沸石分子筛和介孔分子筛，它们具有较大的比表面积、良好的化学稳定性、较高的热稳定性、光透过性好及离子交换容量大等优点。一方面可以作为大量有机污染物的良好吸附剂，另一方面也可在其独特的微孔或介孔结构中制备结晶性好及具有纳米尺寸的高活性 TiO$_2$ 光催化剂，该类复合光催化剂具有更高的光催化效率。沸石分子筛是一种具有三维聚阴离子结构的结晶状水合铝硅酸盐，它由 SiO$_4$ 和 AlO$_4$ 四面体通过 O 原子连接，其骨架中常含有 Al 和 P 等其他离子，且孔道表面有羟基存在，致使分子筛表现为亲水性。常用的沸石分子筛有 ZSM-5、Y 型、β 型、丝光沸石和天然沸石等。介孔分子筛是除了包括首次报道的 MCM-4 有序介孔 SiO$_2$ 材料，还包括六角介孔 SiO$_2$、HMS、SBA-15 等，它由 SiO$_4$ 四面体通过 O 连接，由于表面大量羟基存在，从而表现出较强的亲水性。它们均具有高度有序和均匀分布的孔道结构、孔径范围较宽（2～50 nm）、比表面积大（>1000 m^2/g）和易于改性等优点。

　　沸石分子筛和介孔分子筛具有物理化学性质稳定、比表面积大、强度适中、热稳定性好和对光的透过性比较好的特性，在其孔内可形成分散性好、活性高的催化剂，是一类优良的 TiO$_2$ 催化剂的载体。然而当利用它们作为 TiO$_2$ 的载体制得复合光催化剂时，由于该复合光催化剂中分子筛含有大量羟基，它对水分子有较强的结合能力，而对水中低浓度、强疏水性有机污染物基本没有结合能力，这就大大降低了 TiO$_2$ 对这类污染物的光催化效率。已有文献报道当利用亲水性分子筛/TiO$_2$ 复合光催化剂降解水体中疏水性有机污染物时，因亲水分子筛对水分子有很强的结合能力，而阻止了疏水性有机污染物从水相迁移至分子筛表面负载的 TiO$_2$ 活性位点，从而得不到有效降解，但通过对分子筛改性，使其对有机污染物有较强的亲和能力而迁移至 TiO$_2$ 的表面可实现有效降解，原理如图 1.6 所示[117]。因此，研究人员常利用具有强疏水能力的分子筛作为 TiO$_2$ 的负载材料，制得疏水型分子筛/TiO$_2$ 复合光催化剂，利用疏水型分子筛的强疏水性，一方面实现对有机污染物的富集浓缩，另一方面疏水型分子筛中较少的羟基可使孔道内的钛源与分子筛内壁的羟基作用力减少，制得结晶度高，催化活性好的 TiO$_2$，从而通过吸附/光催化降解协同功能去除低浓度、高毒性和强疏水性的有机污染物，原理如图 1.7 所示。

疏水型分子筛/TiO$_2$ 复合光催化剂的制备常以疏水型分子筛或改性分子筛和钛源为原料，通过浸渍-水解、sol-gel 或水热等方法制备。目前，分子筛的疏水改性常通过脱铝改性和表面修饰两种方法实现。

（1）脱铝改性：脱铝改性是通过水热脱铝法或采用酸、碱和盐等方法提高沸石骨架中 SiO$_2$/Al$_2$O$_3$ 的质量比例，达到骨架脱铝，提高沸石分子筛的疏水能力。Kuwahara[125] 等用 2.0mol/L HNO$_3$、HCl、H$_3$PO$_4$ 或 H$_2$SO$_4$ 改性具有不同硅铝比的 Y 型沸石（6、13、36、54、92 和 810），然后用浸渍-水解-焙烧方法，获得改性沸石/TiO$_2$ 复合光催化剂，研究了改性前后复合光催化剂对 2-丙醇或甲醛的光催化降解效果，结果表明改性后的复合光催化剂疏水能力明显提高，其对两种污染物的催化活性也大大增强。Zhang[126] 等用 H$_3$PO$_4$ 对 NaZSM-5 沸石进行了改性，然后用溶胶-凝胶法制备了 TiO$_2$/HZSM-5 复合光催化剂，结果表明 TiO$_2$/HZSM-5 复合光催化剂的光催化活性比纯 TiO$_2$ 高，当反应 2 h 后活性红 X-3B 染料达到完全降解。

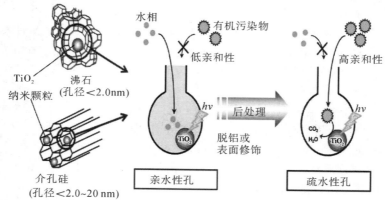

图 1.6　分子筛/TiO$_2$ 复合光催化剂改性前后降解有机污染物示意图[117]

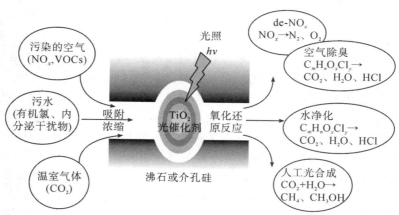

图 1.7　疏水分子筛/TiO$_2$ 复合光催化剂吸附/光催化降解有机污染物原理[117]

（2）表面修饰：硅烷化试剂改性是指通过各种方法把具有疏水性有机官能团长链或无机离子改性至分子筛中，增强其疏水能力。Wang[127]等报道了用长链烷基（十八三乙氧基硅烷）修饰 SiO_2，制得 TiO_2/有机功能化 SiO_2 复合光催化剂，用于光催化降解罗丹明 B，结果表明其吸附能力和催化活性明显提高，然而这种催化剂在降解有机污染物的同时，表面修饰的有机官能团也有可能被部分降解，其寿命大大缩短。虽然这种类型的杂化材料可以对低浓度疏水性有机污染物有好的光催化活性，但改性的有机官能团一方面因为长链有机官能团的存在容易造成孔径堵塞，从而影响有机污染物的迁移过程，另一方面改性的有机官能团一般不具有耐热性，而制备高活性 TiO_2 一般需要高温焙烧（大约为 773 K），所以合成方法受到很大的限制。为了解决这个问题，Kuwahara 研究组[128,129]提出了采用三乙氧基氟硅烷改性介孔硅，在介孔硅的表面形成短链的 $\equiv$Si—F 化学键，然后再与 TiO_2 复合，制得用于降解 2-丙醇的复合光催化剂，该复合光催化剂具有很强的疏水能力和较高的催化活性，相对于有机官能团的易降解性和堵塞孔径等问题，修饰的 F 原子可耐高温，且因原子体积比较小不易造成孔堵塞，在催化降解有机污物的过程中稳定存在，寿命更长，有更好的应用价值。Yamashita[130,131]等报道了在含 F 介质中合成 Ti-β（F）沸石，以及在含 F 介质中合成六角介孔硅，然后通过浸渍法制得 HMS（F）负载 TiO_2，并应用于光催化降解 2-丙醇，结果表明，由于复合材料中的 β（F）沸石组分对目标物 2-丙醇的亲和能力增加，所以 Ti-β（F）沸石对 2-丙醇的吸附和催化活性提高了 1 倍多（相对于非 F 介质中合成的 Ti-β 沸石复合材料）。另外，相对于非 F 介孔质合成的六角介孔硅负载 TiO_2（TiO_2-HMS），在含 F 介质中合成的六角介孔硅负载 TiO_2［TiO_2-HMS（F）］的光催化降解 2-丙醇的效率明显提高，且随着 HMS（F）中 F 的比例的提高，活性也逐渐增大。有文献报道了利用六氟合钛酸胺[132]、四氟化钛等含氟钛源在合成 TiO_2 过程中释放的 F 离子，因为含 F 介质可有效改善分子筛载体的疏水能力，制得具有一定疏水能力的复合光催化剂，该类材料对疏水性有机污染物有较好的吸附能力，从而大大提高了 TiO_2 的催化活性。

1.3.2 碳质材料/TiO_2 复合光催化剂

碳质材料包括碳纳米管、石墨烯和生物质炭（活性炭、碳纤维、木炭、竹炭和炭黑等）等。它们具有比表面积大、物理化学性质稳定、耐酸耐碱、吸附能力强等共同优点。其中碳纳米管和石墨烯除了具有上述优点外，还具有较好的导电能力、能减少光生电子-空穴对的复合概率，大大提高催化剂的量子效率，从而提高其催化活性。

1）碳纳米管/TiO_2 复合光催化剂

碳纳米管（CNTs）是一种呈六边形排列的碳原子构成的石墨层卷曲而成的无

缝中空的管体。根据管壁石墨层层数，CNTs 可分为单壁碳纳米管（SWCNT）和多壁碳纳米管（MWCNT）。它们具有机械性能强、导电能力好（功函数为 4.18 eV，是电子的良好受体）、化学稳定性好及比表面积大（200 m^2/g）等优点。碳纳米管与 TiO_2 复合，一方面可以利用 CNTs 良好的导电能力，把 TiO_2 导带上的电子能够沿 CNTs 一维方向快速传递，减少 TiO_2 产生的光生电子-空穴复合概率，从而提高 TiO_2 的光催化活性。另一方面利用 CNTs 对有机污染物良好的吸附能力，对污染物和降解中间体产生富集作用，从而提高 TiO_2 的降解效率并减少二次污染。张伟[133]研究了 MWCNT 与 TiO_2 复合，制得的 MWCNT/TiO_2 复合光催化剂对 1，2，4-三氯苯的吸附量和吸附速率常数分别为 3.0 mg/g 和 0.4159 g/（mg·min），这种吸附能力主要是由于复合材料中的 MWCNTs 与 1，2，4-三氯苯之间的疏水作用力、氢键及 π-π 键作用。另外，相对于纯 TiO_2，MWCNT/TiO_2 复合光催化剂对 1，2，4-三氯苯的光催化降解速率常数增加了 63.3%。Yu[134]等在 TiO_2 中加入 CNTs（TiO_2 和 CNTs 的质量比为 3∶1），然后研究了 TiO_2/CNTs 通过吸附/光催化降解协同去除水中的三种染料，结果表明，CNTs 的加入不仅有效提高了 TiO_2 对三种染料的吸附能力，而且能大大提高 TiO_2 的催化活性。Dong[135]等用化学气相沉积法先在石墨板上沉积了 CNTs，然后再用溶胶凝胶法在 CNTs 上负载了 TiO_2，研究了 TiO_2/CNTs 复合材料光催化降解甲基橙，结果表明 CNTs 的引入可大大提高 TiO_2 对甲基橙的吸附能力和催化降解速率。说明 MWCNT 与 TiO_2 复合后不仅可以提高 TiO_2 对污染物的吸附能力，而且可以大大提高 TiO_2 的催化活性。

2）石墨烯/TiO_2 复合光催化剂

2004 年曼彻斯特大学物理学教授 Geim 和 Novoselov[136]等用胶带纸黏附石墨颗粒后撕下来的具有单原子厚度的石墨片层，即为石墨烯，它是一种由 sp^2 杂化的碳原子以六边形排列，形成的周期性蜂窝状结构，厚度只有 0.335 nm 的新材料[137]。石墨烯具有导电能力好［室温下电子迁移率可达 200000 cm^2/（V·s）］，比表面积大（2630 m^2/g），质量轻，力学性能好，导热性好［5000 W/（m·K）］，且相对于碳纳米管价格更便宜，可大量生产等优点，已广泛应用于薄膜材料、储能材料、液晶材料和机械振器。当石墨烯与 TiO_2 复合后，一方面也可利用石墨烯结构中的 π 电子与有机污染物中的苯环的 π-π 共轭作用，或还原氧化石墨烯中羟基、羧基与污染物之间静电相互作用，实现对水体中污染物快速迁移至复合光催化剂的表面而被快速降解（图 1.8 为石墨烯与降解目标污染物双酚 A 之间的作用原理图[50]）。另一方面可利用石墨烯优良的导电性能，可以使 TiO_2 产生的光生电子迅速迁移到石墨烯片层结构中，减少光生电子与空穴复合的概率，从而提高其光催化活性，其原理如图 1.9 所示[138]。

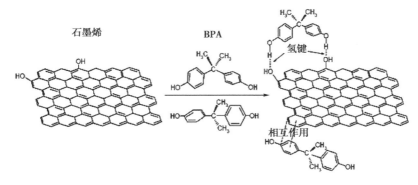

图 1.8　石墨烯与双酚 A 的相互作用原理图[50]

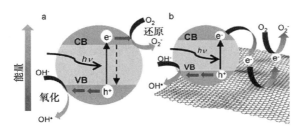

图 1.9　TiO$_2$（a）和石墨烯/TiO$_2$（b）光催化原理图[138]

3）生物质炭/TiO$_2$ 复合光催化剂

生物质炭是碳质材料中的一种，包括颗粒活性炭、活性炭纤维、木炭和竹炭等黑炭物质，它们具有发达的孔结构和较高的比表面积、较大的吸附容量、足够强的化学稳定性、不溶于水和有机溶剂、能经受水湿、高温和高压作用等优点。因此，它们不仅可以直接作为吸附剂去除气相和水体中的污染物，而且常被用作光催化剂的优良载体，具有吸附/光催化降解协同效应，可有效去除室内空气中有害气体和水体中高毒性的有机污染物，具有较好的效果。目前活性炭和生物质炭是广泛使用的两种吸附剂，且它们均可作为光催化剂的优良载体，但在处理实际水体中的有机污染物时，则显示出不同的效果。Wang[139]等通过浸渍-水热法合成了椰汁壳活性炭负载 TiO$_2$ 复合光催化剂，并用于光催化降解甲基橙（MO）的研究，结果表明活性炭的孔体积及 TiO$_2$ 的负载量对复合光催化剂吸附/光催化降解 MO 有很大影响，该复合光催化剂通过吸附/光催化降解协同有效去除水中的 MO，其协同去除 MO 的机制如图 1.10 所示[139]。Meng[140]通过水热法合成了活性炭纤维负载 TiO$_2$ 复合光催化剂，并通过吸附和光催化降解协同去除水中的罗丹明 B（RhB），结果表明，复合光催化剂中的活性炭纤维对 5 mg/L 的 RhB 的吸附去除率为 18.8%，可见光催化降解去除率为 67.7%，说明复合光催化剂可通过吸附/光催化降解协同去除水中的 RhB。相对于普通的微孔活性炭，具有介孔-大孔结构的生物质炭，在处理实际水体中的微污染物时，显示更好的应用前景。例如，Huggins[141] 等对比了木质炭和活性炭对高浓度化学需氧量（COD）的有机废水吸附去除效果，结果表明，相比于微孔结构活性炭 [AC，图 1.11(a)，<1 μm]，具有大孔-介孔-微孔结构 [图 1.11(b)，1.40 μm] 的木质炭吸附去除效果更好。Mao[142] 等分别用大孔-介孔结构的生物质炭（炭黑，CB）和微孔结构的活性炭 AC 作为 TiO_2 的载体，制得 TiO_2/CB 和 TiO_2/AC 复合材料，并用于水中 MO 的去除研究。结果表明，TiO_2/AC 复合材料中的 TiO_2 很难在 AC 微孔结构中形成，主要负载在其表面，存在微孔堵塞、比表面积减少、目标污染物从水相-吸附位点-催化位点迁移速率慢、去除效率不足等问题。然而，TiO_2/CB 复合材料中的 TiO_2（10 nm）已进入 CB（30 nm）孔道中，分散更均匀，TiO_2 在孔道限制作用下，颗粒更小，结晶性更好，孔堵塞更少，MO 从吸附剂位点至催化位点的迁移速率更快，处理效果明显提高。

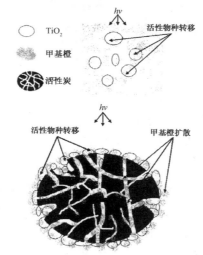

图 1.10　活性炭/TiO_2 复合催化剂光催化降解 MO 示意图[139]

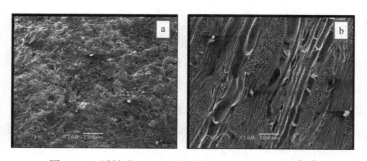

图 1.11　活性炭（a）和木质炭（b）的 SEM 图[141]

除了常规的沸石分子筛、介孔分子筛、纳米碳管、石墨烯和活性炭等吸附剂作为载体外，还有蒙脱石[143,144]、硅藻土[145]、高岭土[146,147]、黏土[148]和膨润土[149]等天然矿物，粉煤灰[150]、高分子聚合物[151]、层状双氢氧化物[152]、云母[153]和 Si_3N_4[154]等也可作为催化剂载体，制得的负载型光催化剂可通过吸附/光催化降解协同去除有机污染物。

1.3.3　吸附剂类载体负载 TiO_2 的制备方法

吸附剂类载体一方面可以将 TiO_2 催化剂固定化，另一方面，吸附剂类载体的强吸附性能还可以增加光催化剂周围有机污染物的局部浓度，可协同去除水体中的有机污染物。吸附剂类载体负载 TiO_2 复合光催化剂的制备方法分为直接负载法和 TiO_2 前驱体负载法。

1）直接负载法

直接负载法就是将光活性的 TiO_2（或掺杂 TiO_2）粉末配成分散液，采用直接机械混合或通过有机黏结剂结合的方式，将粉末固定于载体上。Fukahori[118]报道了以聚二烯丙基二甲基氯化铵、TiO_2、Y 型沸石和陶瓷纤维为原料，先制成液体悬浆液，然后采用造纸技术把悬浆液制成片状复合光催化剂，并应用于光催化降解双酚 A 及其降解中间体的研究。Yamaguchi[124]报道了机械混合的方式把自制 MFI 型沸石与 P25 复合，并用于气相中异丙醇的光催化降解，利用沸石对异丙醇的吸附能力，增加其迁移速率，实现快速光催化降解。Takeuchi[155]报道了在研钵里把 TiO_2 粉末和疏水性丝光沸石（硅铝比为 240）进行简单混合制备复合光催化剂，并应用于光催化降解甲醛的研究。Mahalakshmi[121]直接以氢型 β 沸石和 TiO_2 粉末为原料，在丙酮中搅拌 8 h，过滤、洗涤、高温焙烧制得 β 沸石负载 TiO_2 复合光催化剂，并应用于光催化降解残杀威杀虫剂。Le 研究组[156]以椰汁壳活性炭（AC）和锐钛 TiO_2 为原料，采用直接机械混合的方法制备了锐钛 TiO_2/椰汁壳 AC 复合光催化剂，并用于光催化降解亚甲基蓝的研究，结果表明其光催化活性是纯 TiO_2 的 3 倍左右。Ravichandran 研究组[157]以 AC 和 P25 为原料，采用直接机械混合的方法制备了 P25/AC 复合光催化剂，并用于光催化降解五氟苯甲酸，结果表明，相对于纯 TiO_2，其具有更高的光催化活性。但该方法采用固-固直接机械混合，存在吸附剂和 TiO_2 之间结合能力弱，分散不均的问题。为了解决这个问题，研究人员将环氧树脂、酚醛树脂、聚苯乙烯、硅偶联剂、环黏合剂和羧甲基纤维素等偶联剂与纳米光催化剂的均匀混合物涂抹在载体表面或同时加入载体，均匀搅拌后，经干燥可制成负载型光催化剂。Zhang 研究组[158]以颗粒 AC、P25 为原料，采用环氧树脂为偶联剂，通过直接负载法制备 TiO_2/AC 复合光催化剂，并用于光催化降解 MO 的研究。这种方法是将 TiO_2 粉体与载体通过偶联剂黏合在一起，因此，该方法制得的材料具有较好的结合能力，但因有机黏结剂（环氧树脂、酚醛树脂等）的加入而使吸附活性和催化活性都有不同程度的下降，催化效率较低，且因为偶联剂也多为有机物，长期使用会产生裂痕，甚至剥落。

2）TiO_2 前驱体负载法

TiO_2 前驱体负载法是将配制的 TiO_2 前驱体溶液经过一系列的物理、化学的转变，负载到载体上。这种方法因为能形成化学键，形成的负载催化剂的结合强度要高于直接负载法。主要包括溶胶凝胶法、离子交换法、水热法、化学气相沉积法和液相沉积法。

（1）溶胶凝胶法。溶胶凝胶（sol-gel）法是目前最常用的 TiO_2 催化剂固定方法。其主要过程就是以钛的无机盐溶液或钛酸酯类作为钛源，将其溶于低碳醇（如 C_2H_5OH）中，液体无机钛盐可直接取用，然后在室温下加入催化剂（中强度酸溶液，如 HNO_3），强烈搅拌下使钛源进行醇解、水解和缩聚等化学反应，形成稳定透明的 TiO_2 溶胶体系，溶胶经过陈化，胶粒间缓慢聚合，形成网络结构的凝胶。在溶胶到凝胶的转化过程中，加入吸附剂载体，通过不同的方式（如浸渍、浸渍涂层、丝网印刷、旋转涂层、喷涂等）获得负载型 TiO_2 光催化剂前驱体，前驱体经过干燥和热处理后得到负载型 TiO_2 光催化剂。Ito[159] 报道了采用 sol-gel 法，在异丙醇中加入钛酸异丙酯，然后再加入疏水性 Y 型沸石（硅铝比为 100），反应 1 h 后，洗涤、干燥，制得 TiO_2/沸石复合光催化剂，并应用于吸附/光催化降解去除水中磺胺甲嘧啶药物。Lafjah[160] 报道了采用溶胶凝胶法，在制备 β 沸石的过程中加入钛酸丁酯溶胶，制得 β 沸石负载 TiO_2 复合光催化剂，并用于光催化氧化 CH_3OH。Wang[161] 报道了在天然斜发沸石的水溶液中，逐滴加入 $TiCl_4$ 和 $FeCl_3$，然后再调节溶液的 pH 为 2.0，反应 16 h 后，400 ℃焙烧制得 Fe^{3+}-TiO_2/沸石复合光催化剂，并应用于光催化降解 MO。这种方法制备的 TiO_2 与载体负载牢固，分布均匀，不易脱落，且制备工艺简单、操作方便，反应条件温和，可将纳米 TiO_2 的制备与负载一次完成，是目前较为常用的方法。但也存在反应过程涉及大量的水及有机溶剂，后续高温处理带来不可避免的颗粒团聚等问题。

（2）离子交换法。离子交换法是主要适用于具有阳离子交换能力的一类多孔吸附剂载体，例如沸石分子筛。沸石分子筛中易溶的 Na^+、K^+ 和 NH_4^+ 等离子与 $(NH_4)_2TiO(C_2O_4)_2 \cdot H_2O$ 中的 TiO^{2+} 阳离子发生离子交换作用，再经煅烧或潮湿空气中暴露水解，获得负载型 TiO_2 光催化剂。Zhang[162] 以钠型 FAU 沸石为原料，$(NH_4)_2TiO(C_2O_4)_2 \cdot H_2O$ 为钛源，采用离子交换的方法使得 TiO_2 进入沸石孔道内，利用沸石的负电性，通过静电相互作用力，选择性光催化降解阳离子染料，取得较好的效果。Alwash[163] 报道了以 $(NH_4)_2TiO(C_2O_4)_2 \cdot H_2O$ 为钛源，Na-Y 为沸石，采用离子交换法，焙烧制备 Y 型沸石负载的 TiO_2，然后再以 $Fe(NO_3)_3$ 为原料，通过浸渍法获得 Fe^{3+}-TiO_2/Y 型沸石复合光催化剂，并应用于超声辅助光催化降解染料苋菜红。此法通过选择载体内微孔孔径大小来控制 TiO_2 粒子的尺寸大小，以获得较高的光催化活性。

（3）水热法。水热法是指在特制的密闭反应器（高压釜）中，采用水作为反应介质，通过将反应体系加热至水的临界温度（或接近临界温度），在反应体系中产生高压环境而进行无机材料制备的一种有效方法。Wang[139] 以过氧钛酸钠为钛源，颗粒 AC 为载体，通过水热法制备了 AC 负载 TiO_2 复合光催化剂，并通过吸附/光催化降解协同去除水中的 MO。水热反应制备的复合光催化剂具有纯度高，晶型好，分散性好，形状和大小易控等优点。然而，水热法需要高温高压的条件下进行，因此对设备材质的要求严格，制备时间较长。

（4）化学气相沉积法。化学气相沉积（CVD）法是利用气态物质在固体表面上进行化学反应，生成固态沉积物的过程，前驱体需要用载气输送到反应室进行反应，一般制成膜，也可用于非膜制备。利用 CVD 法把 TiO_2 沉积在多孔材料上时，所用的钛源一般为钛醇盐或钛的无机盐，在加热的条件下使其气化，在惰性气体（N_2）的携带下到达载体表面进行化学反应得到 TiO_2，CVD 法的主要过程包括气相化学反应，表面反应等步骤[164]。Ma[165] 等采用 CVD 法在 TiO_2 膜的表面实时沉积 CNTs，制备 TiO_2/CNTs 复合膜，并应用于光催化降解 MO，其催化活性提高了 1 倍左右。Omri[166] 以钛酸异丙酯和扁桃树壳 AC 为原料，分别用 CVD 法和浸渍-sol-gel 法制备了两种 AC 负载 TiO_2 复合光催化剂，并用于吸附/光催化降解工业磷酸中的总有机碳。结果表明，采用 CVD 法制备的复合光催化剂的催化活性更高。Zhang[167] 以钛酸丁酯和 AC 为原料，用 CVD 法和 sol-gel 法制备了两种 AC 负载 TiO_2 复合光催化剂，并用于光催化降解 MO。结果表明，sol-gel 法制备的复合光催化剂中的 TiO_2 组分只是沉积在活性炭的表面，TiO_2 未进入 AC 载体内部，而利用 CVD 法制备的复合光催化剂中的 TiO_2 组分可进入载体孔道内，制备一层 TiO_2/AC 杂化层，且有 Ti—O—C 键存在。利用 CVD 法制备的复合光催化剂相对于 sol-gel 法制备的复合光催化剂，其催化活性提高了 1 倍左右，且使用寿命更长，催化性能更稳定，而 sol-gel 法制备的复合光催化剂使用一次后，活性下降了约 30%。该方法的优点是控制好反应的温度和压力就可以较好地控制 TiO_2 的晶型和生长速率，制备的复合光催化剂光催化活性好。但该方法存在使用的仪器价格较高，制备成本高等不足。

（5）液相沉积法。液相沉积法是以无机钛酸盐（如六氟合钛酸铵）为原料，加入 H_3BO_3 这类物质，通过前驱体缓慢水解生成过饱和溶液，能够使反应向生成 TiO_2 方向移动，在溶液中浸入预先处理好的载体，使反应物在载体上发生配位体交换平衡反应，生成的 TiO_2 沉积在载体上。液相沉积法反应原理的方程式可以表达如下：

$$[TiF_6]^{2-} + nH_2O \longrightarrow [TiF_{6-n}(OH)_n]^{2-} + nHF$$

$$H_3BO_3 + 4HF \longrightarrow BF_4^- + H_3O^+ + 2H_2O$$

$$[Ti(OH)_6]^{2-} = TiO_2 + 2H_2O + 2OH^-$$

Ohno[168]用 SiO_2 溶胶、$[TiF_6]^{2-}$ 和 H_3BO_3 为原料，采用化学液相沉积法在 SiO_2 的表面制备了一层锐钛 TiO_2 层，形成以 SiO_2 为核，TiO_2 为壳的核/壳结构的复合光催化剂。该法工艺简单，膜均匀致密，成膜过程不需热处理，而且可以在各种复杂的基材上制备一层 TiO_2。

1.4　目的和意义

EDCs 污染问题是当前环境领域研究的热点。近年来，EDCs 的分析检测方法、污染现状、环境化学行为、作用机制及环境毒理的研究工作迅速开展了起来，而环境治理方面研究得比较少，因而对水体中内分泌干扰物的去除变得日趋紧迫。TiO_2 光催化降解污染物是绿色、环保及最有前途的深度处理技术之一。当利用 TiO_2 处理 EDCs 时，只有在浓度较高的情况下才能取得较好的降解效果。实际每升水体或污水处理厂出水口的浓度只有几纳克到几微克，远达不到实验降解的浓度要求。而 TiO_2 比表面小，且由于表面羟基大量存在，对低浓度、强疏水性及高毒性的内分泌干扰物基本没有吸附能力。同时，研究表明吸附对光催化过程非常重要，这是因为材料吸附污染物的速率要比光生电荷复合率低一至几个数量级。如果污染物不能快速地迁移至催化剂表面，则不能充分利用光生电子和空穴，降解效率极低，且常有降解中间体生成，有可能产生二次污染的问题。另外常规使用的 TiO_2 为纳米粉体，存在易团聚失活，不易回收的问题。针对这些不足，目前研究的重点主要是通过将 TiO_2 与具有吸附能力的材料进行复合，利用吸附材料对低浓度、高毒性有机污染物预先进行富集浓缩，从而实现光催化降解和分离回收。本书制备了 7 种具有吸附性能的 TiO_2 复合光催化剂，用于处理环境中大量存在的典型内分泌干扰物双酚 A 和 EE2，研究了复合光催化剂的结构以及吸附与光催化降解双酚 A 和 EE2 的效果之间的关系，可为其他新型有机污染物的有效安全有除提供思路。

参考文献

[1] Petrovic M, Eljarrat E, Lopez De Alda M J, et al. Endocrine disrupting compounds and other emerging contaminants in the environment: a survey on new monitoring strategies and occurrence data[J]. Analytical and Bioanalytical Chemistry, 2004, 378 (3): 549-562.

[2] Colborn T, Dumanoski D, Myers J P. Our stolen future[M]. New York: Penguin, 1996, 29-31.

[3] Kavlock R. Overview of endocrine disruptor research activity in the United States[J]. Chemosphere, 1999, 39 (8): 1227-1236.

[4] Scholz S, Kluver N. Effects of endocrine disrupters on sexual, gonadal development in fish[J]. Sexual Development, 2009, 3 (2-3): 136-151.

[5] Tyler C R, Jobling S, Sumpter J P. Endocrine disruption in wildlife: a critical review of the evidence [J]. Critical Reviews in Toxicology, 1998, 28 (4): 319-361.

[6] Vandenberg L N, Russ H, Marcus M, et al. Human exposure to bisphenol A (BPA) [J]. Reproductive Toxicology, 2007, 24 (2): 139-177.

[7] Hannah R, DAco V J, Anderson P D, et al. Exposure assessment of 17α-ethinylestradiol in surface waters of the United States and Europe[J]. Environmental Toxicology and Chemistry, 2009, 28: 2725-2732.

[8] Staples C A, Dorn P B, Klecka G M, et al. Bisphenol A concentrations in receiving waters near US manufacturing and processing facilities[J]. Chemosphere, 2000, 40 (5): 521-525.

[9] 王彬. 酚类环境内分泌干扰物分析方法及滇池水系污染特征研究[D]. 昆明：昆明理工大学, 2012.

[10] 刘晶靓. 滇池鱼类典型环境内分泌干扰物生物富集及毒性效应研究[D]. 昆明：昆明理工大学, 2012.

[11] 黄斌. 类固醇类内分泌干扰物分析方法及其在滇池水系环境化学行为研究[D]. 昆明：昆明理工大学, 2011.

[12] 王辉. 济南地区不同水体中环境激素含量测定及生物学效应研究[D]. 济南：山东师范大学, 2010.

[13] Tan B L, Hawker D W, Müller J F, et al. Comprehensive study of endocrine disrupting compounds using grab and passive sampling at selected wastewater treatment plants in South East Queensland, Australia [J]. Environment International, 2007, 33 (5): 654-669.

[14] 周海东, 王晓琳, 高密军, 等. 北京污水厂进、出水中内分泌干扰物的分布[J]. 中国给水排水, 2009, 25 (23): 75-78.

[15] Johnson A C, Aerni H R, Gerritsen A, et al. Comparing steroid estrogen, and nonylphenol content across a range of European sewage plants with different treatment and management practices[J]. Water Research, 2005, 39 (1): 47-58.

[16] Pessoa G P, de Souza N C, Vidal C B, et al. Occurrence and removal of estrogens in Brazilian wastewater treatment plants[J]. Science of the Total Environment, 2014, 490: 288-295.

[17] Li X, Ying G G, Su H C, et al. Simultaneous determination and assessment of 4-nonylphenol, bisphenol A and triclosan in tap water, bottled water and baby bottles[J]. Environmental International, 2010, 36 (6): 557-562.

[18] 李青松. 水中甾体类雌激素内分泌干扰物去除性能及降解机理研究[D]. 上海：同济大学, 2007.

[19] Arnold S M, Clark K E, Staples C A, et al. Relevance of drinking water as a source of human exposure to bisphenol A[J]. Journal of Exposure Science and Environmental Epidemiology, 2013, 23 (2): 137-144.

[20] 秦定霞, 崔毓桂, 刘嘉茵. 双酚 A 对生殖系统的影响及其作用机制[J]. 国际生殖健康/计划生育杂志, 2012, 31 (5): 417-421.

[21] Li D, Zhou Z, Qing D, et al. Occupational exposure to bisphenol A (BPA) and the risk of self-reported male sexual dysfunction[J]. Human Reproductive, 2010, 25 (2): 519-527.

[22] Manfo F P, Jubendradass R, Nantia E A, et al. Adverse effects of bisphenol A on male reproductive function[J]. Reviews of Environmental Contamination and Toxicology, 2014, 228: 57-82.

[23] Oka T, Adati N, Shinkai T, et al. Bisphenol A induces apoptosis in central neural cells during early development of xenopus laevis[J]. Biochemical and Biophysical Research Communication, 2003, 312 (4): 877-882.

[24] Youn J Y, Park H Y, Lee J W, et al. Evaluation of the immune response following exposure of mice to bisphenol A: induction of Th1 cytokine and prolactin by BPA exposure in the mouse spleen cells[J]. Archives of Pharmacal Research, 2002, 25 (6): 946-953.

[25] Welshons W V, Nagel S C, vom Saal F S. Large effects from small exposures. III. endocrine mechanisms mediating effects of bisphenol A at levels of human exposure[J]. Endocrinology, 2006, 147 (6): 56-69.

[26] Rogers J A, Metz L, Yong V W. Review: endocrine disrupting chemicals and immune responses: a focus on bisphenol A and its potential mechanisms[J]. Journal of Health Science Molecular Immunology, 2013, 53 (4): 421-430.

[27] Nakamura K, Hiroko K. Influence of endocrine-disrupting chemicals on the immune system[J]. Journal of Health Science, 2010, 56 (4): 361-373.

[28] Hahn W C, Weinberg R A. Modelling the molecular circuitry of cancer[J]. Nature Reviews Cancer, 2002, 2 (5): 331-341.

[29] Morrissey R E, George J D, Price C J, et al. The developmental toxicity of bisphenol A in rats and mice[J]. Fundamental and Applied Limnology, 1987, 8 (4): 571-582.

[30] Li D, Zhou Z, Qing D, et al. Occupational exposure to bisphenol-A (BPA) and the risk of self-reported male sexual dysfunction[J]. Human Reproduction, 2010, 25 (2): 519-527.

[31] Hatef A, Alavi S M, Abdulfatah A, et al. Adverse effects of bisphenol A on reproductive physiology in male goldfish at environmentally relevant concentrations[J]. Ecotoxicology and Environmental Safety, 2012, 76 (2): 56-62.

[32] Zhao Y, Hu J, Jin W. Transformation of oxidation products and reduction of estrogenic activity of 17β-estradiol by a heterogeneous photo-fenton reaction[J]. Environmental Science & Technology, 2008, 42 (14): 5277-5284.

[33] Irwin LK, Graym S, Oberdörster E. Vitellogenin induction in painted turtle, chrysemys picta, as a biomarker of exposure to environmental levels of estradiol[J]. Aquatic Toxicology, 2001, 55 (1-2): 49-60.

[34] Govoroun M, Mcmell O M, Mecherouki H, et al. 17β-Estradiol treatment decreases steroidogenic enzyme messenger ribonucleic acid levels in the rainbow trout testis 1[J]. Endocrinology, 2001, 142 (5): 1841-1848.

[35] 李洁斐. 斑马鱼模型检测环境内分泌干扰作用的终点效应[D]. 上海: 复旦大学, 2006.

[36] Korsgaard B, Andreassen T K, Rasmussen T H. Effects of an environmental estrogen, 17α-ethinyl-estradiol, on the maternal-fetal trophic relationship in the eelpout zoarces viviparus (L) [J]. Marine Environmental Research, 2002, 54: 735-739.

[37] 刘宝敏. 卵黄蛋白原的纯化与检测及其在己烯雌酚和炔雌醇联合毒性研究中的应用[D]. 厦门: 厦门大学, 2008.

[38] Leranth C H T, Szigeti-Buck K. Bisphenol A prevents the synaptogenic response to estradiol in hippocampus and prefrontal cortex of ovariectomized nonhuman primates[J]. Proceedings of the National Academy of Science, 2008, 105 (37): 14187-14191.

[39] 李国超. 17β-雌二醇对斑马鱼的毒性研究[D]. 北京: 中国农业科学院, 2015.

[40] Purdom G, Mistry P. The effect of household chemicals on municipal solid-waste (MSW) digestion [M]. New York: Institution of Chemical Engineers Symposium Series, 1994.

[41] Dodds E C，Lawson W. Synthetic estrogenic agents without the phenanthrene nucleus[J]. Nature，1936，137：996-996.

[42] 芦军萍. 环境内分泌干扰物引致儿童性早熟的机理及其中药治疗研究[D]. 上海：复旦大学，2006.

[43] Ying G G，Kookana R S，Kumar A. Fate of estrogens and xenoestrogens in four sewage treatment plants with different technologies[J]. Environmental Toxicology and Chemistry，2008，27（1）：87-94.

[44] Roh H，Chu K H. Effects of solids retention time on the performance of bioreactors bioaugmented with a 17β-estradiol-utilizing bacterium，sphingomonas strain KC8[J]. Chemosphere，2011，84（2）：227-233.

[45] Weber S，Leuschner P，Kampfer P，et al. Degradation of estradiol and ethinyl estradiol by activated sludge and by a defined mixed culture[J]. Applied Microbiology and Biotechnology，2005，67（1）：106-112.

[46] 李咏梅，杨诗家，曾庆玲，等. A²O 活性污泥工艺去除污水中雌激素的试验[J]. 同济大学学报（自然科学版），2009，37（8）：1055-1059.

[47] Bautista-Toledo I，Ferro-García M A，Rivera-Utrilla J，et al. Bisphenol A removal from water by activated carbon，effects of carbon characteristics and solution chemistry[J]. Environmental Science & Technology，2005，39（16）：6246-6250.

[48] Joseph L，Zaib Q，Khan I A，et al. Removal of bisphenol A and 17 α-ethinyl estradiol from landfill leachate using single-walled carbon nanotubes[J]. Water Research，2011，45（13）：4056-4068.

[49] Sui Q，Huang J，Liu Y，et al. Rapid removal of bisphenol A on highly ordered mesoporous carbon[J]. Journal Environmental Science，2011，23（2）：177-182.

[50] Xu J，Wang L，Zhu Y. Decontamination of bisphenol A from aqueous solution by graphene adsorption[J]. Langmuir，2012，28（22）：8418-8425.

[51] Xiao G，Fu L，Li A. Enhanced adsorption of bisphenol A from water by acetylaniline modified hyper-cross-linked polymeric adsorbent：effect of the cross-linked bridge[J]. Chemistry Engineering Journal，2012，191：171-176.

[52] Tsai W T，Hsu H C，Su T Y，et al. Adsorption characteristics of bisphenol A in aqueous solutions onto hydrophobic zeolite[J]. Journal of Colloid and Interface Science，2006，299（2）：513-519.

[53] Dong Y，Wu D，Chen X，et al. Adsorption of bisphenol A from water by surfactant-modified zeolite[J]. Journal of Colloid and Interface Science，2010，348（2）：585-590.

[54] Kim Y H，Lee B，Choo K H，et al. Selective adsorption of bisphenol A by organic-inorganic hybrid mesoporous silicas[J]. Microporous and Mesoporous Materials，2011，138（1-3）：184-190.

[55] Tsai W T，Lai C W，Su T Y. Adsorption of bisphenol A from aqueous solution onto minerals and carbon adsorbents[J]. Journal of Hazardous Materials，2006，134（1-3）：169-175.

[56] Kim S D，Cho J，Kim I S，et al. Occurrence and removal of pharmaceuticals and endocrine disruptors in South Korean surface，drinking and waste waters[J]. Water Research，2007，41（5）：1013-1021.

[57] 刘桂芳，李旭春，马军，等. 活性炭吸附水中酚类内分泌干扰物试验研究[J]. 中国给水排水，2008，24（21）：52-56.

[58] Gómez M，Garralón G，Plaza F. Rejection of endocrine disrupting compounds（bisphenol A，bisphenol F and triethyleneglycol dimethacrylate）by membrane technologies[J]. Desalination，2007，212（1-3）：79-91.

[59] Cartinella J L，Cath T Y，Filynn M T，et al. Removal of natural steroid hormones from wastewater

using membrane contactor processes[J]. Environmental Science & Technology, 2006, 40 (23): 7381-7386.

[60] Hu Z F, Si X R, Zhang Z Y, et al. Enhanced EDCs removal by membrane fouling during the UF process[J]. Desalination, 2014, 336: 18-23.

[61] Hu J Y, Aizawa T, Ookubo S. Products of aqueous chlorination of bisphenol A and their estrogenic activity[J]. Environmental Science & Technology, 2002, 36 (9): 1980-1987.

[62] 刘桂芳, 马军, 秦庆东, 等. 水中典型内分泌干扰物质的臭氧氧化研究[J]. 环境科学, 2007, 28 (7): 1466-1471.

[63] Rosenfeldt E J, Linden K G. Degradation of endocrine disrupting chemicals bisphenol A, ethinyl estradiol and estradiol during UV photolysis and advanced oxidation processes[J]. Environmental Science & Technology, 2004, 38 (20): 5476-5483.

[64] Sun W L, Li S, Mai J X, et al. Initial photocatalytic degradation intermediates/pathways of 17α-ethynylestradiol: Effect of pH and methanol[J]. Chemosphere, 2010, 81 (1): 92-99.

[65] Ohko Y, Ando I, Niwa C, et al. Degradation of bisphenol A in water by TiO_2 photocatalyst by TiO_2 photocatalyst[J]. Environmental Science & Technology, 2001, 35 (11): 2365-2368.

[66] Mai J X, Sun W L, Xiong L, et al. Titanium dioxide mediated photocatalytic degradation of 17β-estradiol in aqueous solution[J]. Chemosphere, 2008, 73: 600-606.

[67] Karpova T, Preis S, Kallas J. Selective photocatalytic oxidation of steroid estrogens in water treatment: urea as co-pollutant[J]. Journal of Hazardous Materials, 2007, 146: 465-471.

[68] Uyguner-Demirel C S, Birben N C, Bekbolet M. Elucidation of background organic matter matrix effect on photocatalytic treatment of contaminants using TiO_2: a review[J]. Catalysis Today, 2017, 284: 202-214.

[69] Wang D, Li Y, Puma G L, et al. Mechanism and experimental study on the photocatalytic performance of Ag/AgCl@chiral TiO_2 nanofibers photocatalyst: the impact of wastewater components[J]. Journal of Hazardous Materials, 2015, 285: 277-284.

[70] Li S, Sun W. Photocatalytic degradation of 17α-ethinyl estradiol in mono-and binary systems of fulvic acid and Fe (III): application of fluorescence excitation/emission matrixes[J]. Chemistry Engineering Journal, 2014, 237: 101-108.

[71] Shen X T, Zhu L H, Liu G X, et al. Photocatalytic removal of pentachlorophenol by means of an enzyme-like molecular imprinted photocatalyst and inhibition of the generation of highly toxic intermediates[J]. New Journal of Chemistry, 2009, 33: 2278-2285.

[72] Fujishima A. Electrochemical photolysis of water at a semiconductor electrode[J]. Nature, 1972, 238: 37-38.

[73] Carey J H, Lawrence J, Tosine H M. Photodechlorination of PCB's in the presence of titanium dioxide in aqueous suspensions[J]. Bulletin of Environmental Contamination and Toxicology, 1976, 16 (6): 697-701.

[74] Hashimoto K, Irie H, Fujishima A. TiO_2 photocatalysis: a historical overview and future prospects [J]. Japanese Journal of Applied Physics, 2005, 44 (12R): 8269-8285.

[75] Lv T, Pan L, Liu X, et al. Enhanced photocatalytic degradation of methylene blue by ZnO-reduced graphene oxide composite synthesized via microwave-assisted reaction[J]. Journal of Alloys and Compounds, 2011, 509 (41): 10086-10091.

[76] Shoeib M A, Abdelsalam O E, Khafagi M G, et al. Synthesis of Cu₂O nanocrystallites and their adsorption and photocatalysis behavior[J]. Advanced Powder Technology, 2012, 23 (3): 298-304.

[77] Chandran P, Kumari P, Sudheer Khan S. Photocatalytic activation of CdS NPs under visible light for environmental cleanup and disinfection[J]. Solar Energy, 2014, 105: 542-547.

[78] Zhuang J, Tian Q, Lin S, et al. Precursor morphology-controlled formation of perovskites CaTiO₃ and their photo-activity for As (III) removal[J]. Applied Catalysis B: Environmental, 2014, 156-157 (3): 108-115.

[79] Sivakumar R, Thomas J, Yoon M. Polyoxometalate-based molecular/nano composites: advances in environmental remediation by photocatalysis and biomimetic approaches to solar energy conversion[J]. Journal of Photochemistry and Photobiology C: Photochemistry Reviews, 2012, 13 (4): 277-298.

[80] Xu Y, Xu H, Li H, et al. Ionic liquid oxidation synthesis of Ag@AgCl core-shell structure for photocatalytic application under visible-light irradiation[J]. Colloid and Surfaces A: Physicochemical and Engineering Aspects, 2013, 416: 80-85.

[81] Tang P, Chen H, Cao F. One-step preparation of bismuth tungstate nanodisks with visible-light photocatalytic activity[J]. Materials Letters, 2012, 68: 171-173.

[82] Xiao X, Hao R, Liang M, et al. One-pot solvothermal synthesis of three-dimensional (3D) BiOI/BiOCl composites with enhanced visible-light photocatalytic activities for the degradation of bisphenol A[J]. Journal of Hazardous Materials, 2012, 233-234: 122-130.

[83] Shiraishi Y, Hirai T. Selective organic transformations on titanium oxide-based photocatalysts[J]. Journal of Photochemistry and Photobiology C: Photochemistry Reviews, 2008, 9 (4): 157-170.

[84] Wang R, Hashimoto K, Fujishima A, et al. Light-induced amphiphilic surfaces[J]. Nature, 1997, 388: 431-432.

[85] Sathish M, Viswanath B, Viswanathan R P. Synthesis, characterization, electronic structure, and photocatalytic activity of nitrogen-doped TiO₂ nanocatalyst[J]. Chemistry of Materials, 2005, 17 (25): 6349-6353.

[86] Kadam A N, Dhabbe R S, Kokate M R, et al. Preparation of N doped TiO₂ via microwave-assisted method and its photocatalytic activity for degradation of malathion[J]. Spectrochimica Acta Part A: Molecular and Biomolecular Spectroscopy, 2014, 133: 669-676.

[87] Yu J C, Ho W K, Yu J G, et al. Efficient visible-light-induced photocatalytic disinfection on sulfur-doped nanocrystalline titania[J]. Environmental Science & Technology, 2005, 39 (4): 1175-1179.

[88] Hassan M E, Cong L C, Liu G L, et al. Synthesis and characterization of C-doped TiO₂ thin films for visible-light-induced photocatalytic degradation of methyl orange[J]. Applied surface Science, 2014, 294 (1): 89-94.

[89] Czoska A M, Livraghi S, Chiesa M, et al. The nature of defects in fluorine-doped TiO₂[J]. Journal of Physical Chemistry C, 2008, 112 (24): 8951-8956.

[90] Yu C L, Fan Q Z, Xie Y, et al. Sonochemical fabrication of novel square-shaped F doped TiO₂ nanocrystals with enhanced performance in photocatalytic degradation of phenol[J]. Journal of Hazardous Materials, 2012, 237-238: 38-45.

[91] Wu Y C, Ju L S. Annealing-free synthesis of C-N co-doped TiO₂ hierarchical spheres by using amine agents via microwave-assisted solvothermal method and their photocatalytic activities[J]. Journal of Alloys and

Compounds, 2014, 604: 164-170.

[92] Yu J G, Zhou P, Li Q. New insight into the enhanced visible-light photocatalytic activities of B-, C- and B/C-doped anatase TiO_2 by first-principles[J]. Physical Chemistry Chemical Physics, 2013, 15 (29): 12040-12047.

[93] Cheng X W, Yu X J, Xing Z P. One-step synthesis of visible active C-N-S-tridoped TiO_2 photocatalyst from biomolecule cystine[J]. Applied surface Science, 2014, 258 (19): 7644-7650.

[94] Asahi R, Morikawa T, Ohwaki T, et al. Visible-light photocatalysis in nitrogen-doped titanium oxides[J]. Science, 2001, 293 (5528): 269-271.

[95] Devi L G, Kottam N, Murthy B N, et al. Enhanced photocatalytic activity of transition metal ions Mn^{2+}, Ni^{2+} and Zn^{2+} doped polycrystalline titania for the degradation of aniline blue under UV/solar light[J]. J. Mol. Catal. A: Chem, 2010, 328 (1-2): 44-52.

[96] Inturi S N R, Boningari T, Suidan M, et al. Visible-light-induced photodegradation of gas phase acetonitrile using aerosol-made transition metal (V, Cr, Fe, Co, Mn, Mo, Ni, Cu, Y, Ce, and Zr) doped TiO_2[J]. Journal of Molecular Catalysis A: Chemistry, 2014, 144: 333-342.

[97] Kim J, Choi W. TiO_2 modified with both phosphate and platinum and its photocatalytic activities[J]. Applied Catalysis B: Environmental, 2011, 106: 39-45.

[98] Chiang K, Lim T M, Tsen L, et al. Photocatalytic degradation and mineralization of bisphenol A by TiO_2 and platinized TiO_2[J]. Applied Catalysis A: General, 2004, 261 (2): 225-237.

[99] Pulido Melián E, González Díaz O, Doña Rodríguez J M, et al. Effect of deposition of silver on structural characteristics and photoactivity of TiO_2-based photocatalysts[J]. Applied Catalysis B: Environmental, 2012, 127: 112-120.

[100] Sofianou M V, Boukos N, Vaimakis T, et al. Decoration of TiO_2 anatase nanoplates with silver nanoparticles on the {101} crystal facets and their photocatalytic behaviour[J]. Applied Catalysis B: Environmental, 2014, 158-159: 91-95.

[101] Ma C M, Lee Y W, Hong G B, et al. Effect of platinum on the photocatalytic degradation of chlorinated organic compound[J]. Journal Environmental Science, 2011, 23 (4): 687-692.

[102] Zielińska-Jurek A, Hupka J. Preparation and characterization of Pt/Pd-modified titanium dioxide nanoparticles for visible light irradiation[J]. Catalysis Today, 2014, 230: 181-187.

[103] Pugazhenthiran N, Murugesan S, Sathishkumar P, et al. Photocatalytic degradation of ceftiofur sodium in the presence of gold nanoparticles loaded TiO_2 under UV-visible light[J]. Chemistry Engineering Journal, 2014, 241: 401-409.

[104] Chusaksri S, Lomda J, Saleepochn T, et al. Photocatalytic degradation of 3,4-dichlorophenylurea in aqueous gold nanoparticles-modified titanium dioxide suspension under simulated solar light[J]. Journal of Hazardous Materials, 2011, 190 (1-3): 930-937.

[105] Su R, Tiruvalam R, He Q, et al. Promotion of phenol photodecomposition over TiO_2 using Au, Pd, and Au-Pd nanoparticles[J]. ACS Nano, 2012, 6 (7): 6284-6292.

[106] Rehman S, Ullah R, Butt A M, et al. Strategies of making TiO_2 and ZnO visible light active[J]. Journal of Hazardous Materials, 2009, 170 (2-3): 560-569.

[107] Li L, Wang L, Hu T, et al. Preparation of highly photocatalytic active CdS/TiO_2 nanocomposites by combining chemical bath deposition and microwave-assisted hydrothermal synthesis[J]. Journal of Solid State

Chemistry，2014，218：81-89.

[108] Rey A，García-Munoz P，Hernández-Alonso M D，et al． WO₃-TiO₂ based catalysts for the simulated solar radiation assisted photocatalytic ozonation of emerging contaminants in a municipal wastewater treatment plant effluent[J]． Applied Catalysis B：Environmental，2014，154-155：274-284.

[109] Zhou P，Yu J G，Jaroniec M． All-solid-state Z-scheme photocatalytic systems[J]． Advanced Materials，2014，26：4920-4935.

[110] Li H J，Zhou Y，Tu W G，et al． State-of-the-art progress in diverse heterostructured photocatalysts toward promoting photocatalytic performance[J]． Advanced Functional Materials，2015，25：998-1013.

[111] Tian J，Sang Y，Yu G，et al． A Bi₂WO₆-based hybrid photocatalyst with broad spectrum photocatalytic properties under UV，visible，and near-infrared irradiation[J]． Advanced Materials，2013，25：5075-5080.

[112] Zhu H，Yang B，Xu J，Fu Z P，et al． Construction of z-scheme type CdS-Au-TiO₂ hollow nanorod arrays with enhanced photocatalytic activity[J]． Applied Catalysis B：Environmental，2009，90：463-469.

[113] Vinu R，Polisetti S，Madras G． Dye sensitized visible light degradation of phenolic compounds[J]． Chemistry Engineering Journal，2010，165（3）：784-797.

[114] Kathiravan A，Renganathan R． Photosensitization of colloidal TiO₂ nanoparticles with phycocyanin pigment[J]． Journal of Colloid and Interface Science，2009，335（2）：196-202.

[115] Duan M Y，Li J，Mele G，et al． Photocatalytic activity of novel tin porphyrin/TiO₂ based composites[J]． Journal of Physical Chemistry C，2010，114：7857-7862.

[116] Wang Z Y，Mao W P，Chen H F，et al． Copper（II）phthalocyanine tetrasulfonate sensitized nanocrystalline titania photocatalyst：Synthesis in situ and photocatalysis under visible light[J]． Catalysis Communications，2006，7（8）：518-522.

[117] Kuwahara Y，Yamashita H． Efficient photocatalytic degradation of organics diluted in water and air using TiO₂ designed with zeolites and mesoporous silica materials[J]． Journal of Materials Chemistry，2011，21（8）：2407.

[118] Fukahori S，Ichiura H，Kitaoka T，et al． Capturing of bisphenol A photodecomposition intermediates by composite TiO₂-zeolite sheets[J]． Applied Catalysis B：Environmental，2003，46（3）：453-462.

[119] Chen Y H，Hsieh D C，Shang N C． Efficient mineralization of dimethyl phthalate by catalytic ozonation using TiO₂/Al₂O₃ catalyst[J]． Journal of Hazardous Materials，2011，192（3）：1017-1025.

[120] Dashliborun A M，Sotudeh-Gharebagh R，Hajaghazadeh M，et al． Modeling of the photocatalytic degradation of methyl ethyl ketone in a fluidized bed reactor of nano-TiO₂/γ-Al₂O₃ particles[J]． Chemistry Engineering Journal，2013，226：59-67.

[121] Mahalakshmi M，Vishnu Priya S，Arabindoo B，et al． Photocatalytic degradation of aqueous propoxur solution using TiO₂ and Hbeta zeolite-supported TiO₂[J]． Journal of Hazardous Materials，2009，161（1）：336-343.

[122] Takeuchi M，Hidaka M，Anpo M． Efficient removal of toluene and benzene in gas phase by the TiO₂/Y-zeolite hybrid photocatalyst[J]． Journal of Hazardous Materials，2012，237-238：133-139.

[123] Pan Z，Stemmler E A，Cho H J，et al． Photocatalytic degradation of 17alpha-ethinylestradiol（EE2）in the presence of TiO₂-doped zeolite[J]． Journal of Hazardous Materials，2014，279：17-25.

[124] Yamaguchi K，Inumaru K，Oumi Y，et al． Photocatalytic decomposition of 2-propanol in air by

mechanical mixtures of TiO₂ crystalline particles and silicalite adsorbent: the complete conversion of organic molecules strongly adsorbed within zeolitic channels[J]. Microporuous Mesoprous Materials, 2009, 117 (1-2): 350-355.

[125] Kuwahara Y, Aoyama J, Miyakubo K, et al. TiO₂ photocatalyst for degradation of organic compounds in water and air supported on highly hydrophobic FAU zeolite: Structural, sorptive, and photocatalytic studies[J]. Journal of Catalysis, 2012, 285 (1): 223-234.

[126] Zhang W J, Bi F F, Yu Y, et al. Phosphoric acid treating of ZSM-5 zeolite for the enhanced photocatalytic activity of TiO₂/HZSM-5[J]. Journal of Molecular Catalysis A: Chemistry, 2013, 372: 6-12.

[127] Wang T, Su Q Y, Xu Y F, et al. Interfacial photodecompositon of RhB by hydrophobic surface modified core (TiO₂) /shell (SiO₂) nanoparticles[J]. Materials Letters, 2013, 109: 243-246.

[128] Kuwahara Y, Maki K, MatsumuraY, et al. Hydrophobic modification of a mesoporous silica surface using a fluorine-containing silylation agent and Its application as an advantageous host material for the TiO₂ photocatalyst[J]. Journal of Physical Chemistry C, 2009, 113: 1552-1559.

[129] Kuwahara Y, Maki K, Kamegawa T, et al. Simple design of hydrophobic zeolite material by modification using TEFS and its application as a support of TiO₂ photocatalyst[J]. Toptics in Catalysis, 2009, 52 (1-2): 193-196.

[130] Yamashita H, Maekawa K, Nakao H, et al. Efficient adsorption and photocatalytic degradation of organic pollutants diluted in water using fluoride-modified hydrophobic mesoporous silica[J]. Applied Surface Science, 2004, 237 (1-4): 393-397.

[131] Yamashita H, Kawasaki S, Yuan S, et al. Efficient adsorption and photocatalytic degradation of organic pollutants diluted in water using the fluoride-modified hydrophobic titanium oxide photocatalysts: Ti-containing Beta zeolite and TiO₂ loaded on HMS mesoporous silica[J]. Catalysis Today, 2007, 126 (3-4): 375-381.

[132] Kamegawa T, Kido R, Yamahana D, et al. Design of TiO₂-zeolite composites with enhanced photocatalytic performances under irradiation of UV and visible light[J]. Microporous and Mesoporous Materials, 2013, 165: 142-147.

[133] 张伟. 多壁碳纳米管负载 TiO₂ 对氯苯的吸附与光降解作用研究[D]. 长沙：湖南大学, 2011.

[134] Yu Y, Yu J C, Chan C Y, et al. Enhancement of adsorption and photocatalytic activity of TiO₂ by using carbon nanotubes for the treatment of azo dye[J]. Applied Catalysis B: Environmental, 2005, 61 (1-2): 1-11.

[135] Dong Y M, Tang D Y, Li C S. Photocatalytic oxidation of methyl orange in water phase by immobilized TiO₂-carbon nanotube nanocomposite photocatalyst[J]. Applied surface Science, 2014, 296: 1-7.

[136] Novoselov K S, Geim A K, Morozov S V. Electric field effect in atomically thin carbon films[J]. Science, 2004, 306: 666-669.

[137] Geim A K, Novoselov K S. The rise of graphene[J]. ACS Nano, 2007, 6: 183-191.

[138] Tan L L, Chai S P, Mohamed A R. Synthesis and applications of graphene-based TiO₂ photocatalysts[J]. ChemSusChem, 2012, 5 (10): 1868-1882.

[139] Wang X J, Liu Y F, Hu Z H, et al. Degradation of methyl orange by composite photocatalysts nano-TiO₂ immobilized on activated carbons of different porosities[J]. Journal of Hazardous Materials, 2009, 169 (1-3): 1061-1067.

[140] Meng H, Hou W, Xu X X, et al. TiO₂-loaded activated carbon fiber: hydrothermal synthesis, adsorption properties and photo catalytic activity under visible light irradiation[J]. Particuology, 2014, 14: 38-43.

[141] Huggins T M, Haeger A, Biffinger J C, et al. Granular biochar compared with activated carbon for wastewater treatment and resource recovery[J]. Water Research, 2016, 94: 225-232.

[142] Mao C C, Weng H S. Promoting effect of adding carbon black to TiO₂ for aqueous photocatalytic degradation of methyl orange[J]. Chemistry Engineering Journal, 2009, 155: 744-749.

[143] Chen J Y, Liu X L, Li G Y, et al. Synthesis and characterization of novel SiO₂ and TiO₂ co-pillared montmorillonite composite for adsorption and photocatalytic degradation of hydrophobic organic pollutants in water[J]. Catalysis Today, 2011, 164 (1): 364-369.

[144] An T C, Chen J X, Li G Y, et al. Characterization and the photocatalytic activity of TiO₂ immobilized hydrophobic montmorillonite photocatalysts[J]. Catalysis Today, 2008, 139 (1-2): 69-76.

[145] Sun Z M, Hu Z B, Yan Y, et al. Effect of preparation conditions on the characteristics and photocatalytic activity of TiO₂/purified diatomite composite photocatalysts[J]. Applied Surface Science, 2014, 314: 251-259.

[146] Vimonses V, Jin B, Chow C W, et al. An adsorption-photocatalysis hybrid process using multi-functional-nanoporous materials for wastewater reclamation[J]. Water Research, 2010, 44 (18): 5385-5397.

[147] Vimonses V, Chong M N, Jin B. Evaluation of the physical properties and photodegradation ability of titania nanocrystalline impregnated onto modified kaolin[J]. Microporuous Mesoprous Materials, 2010, 132 (1-2): 201-209.

[148] Li F, Jiang Y, Xia M, et al. A high-stability silica-clay composite: synthesis, characterization and combination with TiO₂ as a novel photocatalyst for azo dye[J]. Journal of Hazardous Materials, 2009, 165 (1-3): 1219-1223.

[149] Hajjaji W, Ganiyu S O, Tobaldi D M, et al. Natural portuguese clayey materials and derived TiO₂-containing composites used for decolouring methylene blue (MB) and orange II (OII) solutions[J]. Applied Clay Science, 2013, 83-84: 91-98.

[150] Huo P W, Lu Z Y, Liu X L, et al. Preparation photocatalyst of selected photodegradation antibiotics by molecular imprinting technology onto TiO₂/fly-ash cenospheres[J]. Chemistry Engineering Journal, 2012, 189-190: 75-83.

[151] Singh S, Mahalingam H, Singh P K. Polymer-supported titanium dioxide photocatalysts for environmental remediation: a review[J]. Applied Catalysis A: General, 2013, 462-463: 178-195.

[152] Huang Z J, Wu P X, Lu Y H, et al. Enhancement of photocatalytic degradation of dimethyl phthalate with nano-TiO₂ immobilized onto hydrophobic layered double hydroxides: a mechanism study[J]. Journal of Hazardous Materials, 2013, 246-247: 70-78.

[153] Shimizu K, Murayama H, Nagai A, et al. Degradation of hydrophobic organic pollutants by titania pillared fluorine mica as a substrate specific photocatalyst[J]. Applied Catalysis B: Environmental, 2005, 55 (2): 141-148.

[154] Yamashita H, Nose H, Kuwahara Y, et al. TiO₂ photocatalyst loaded on hydrophobic Si₃N₄ support for efficient degradation of organics diluted in water[J]. Applied Catalysis A: General, 2008, 350 (2): 164-168.

[155] Takeuchi M，Deguchi J，Hidaka M，et al. Enhancement of the photocatalytic reactivity of TiO$_2$ nano-particles by a simple mechanical blending with hydrophobic mordenite (MOR) zeolite[J]. Applied Catalysis B: Environmental，2009，89 (3-4): 406-410.

[156] Le H A，Linh L T，Chin S，et al. Photocatalytic degradation of methylene blue by a combination of TiO$_2$-anatase and coconut shell activated carbon[J]. Powder Technology，2012，225: 167-175.

[157] Ravichandran L，Selvam K，Swaminathan M. Highly efficient activated carbon loaded TiO$_2$ for photo defluoridation of pentafluorobenzoic acid[J]. Journal of Molecular Catalysis A: Chemistry，2010，317 (1-2): 89-96.

[158] Zhang W L，Li Y，Wang C，et al. Kinetics of heterogeneous photocatalytic degradation of rhodamine B by TiO$_2$-coated activated carbon: roles of TiO$_2$ content and light intensity[J]. Desalination，2011，266 (1-3): 40-45.

[159] Ito M，Fukahori S，Fujiwara T. Adsorptive removal and photocatalytic decomposition of sulfamethazine in secondary effluent using TiO$_2$-zeolite composites[J]. Environmental Science and Pollution Research，2014，21 (2): 834-842.

[160] Lafjah M，Djafri F，Bengueddach A，et al. Beta zeolite supported sol-gel TiO$_2$ materials for gas phase photocatalytic applications[J]. Journal of Hazardous Materials，2011，186 (2-3): 1218-1225.

[161] Wang C，Shi H S，Li Y. Synthesis and characteristics of natural zeolite supported Fe^{3+}-TiO$_2$ photocatalysts[J]. Applied surface Science，2011，257 (15): 6873-6877.

[162] Zhang G，Choi W，Kim S H，et al. Selective photocatalytic degradation of aquatic pollutants by titania encapsulated into FAU-type zeolites[J]. Journal of Hazardous Materials，2011，188 (1-3): 198-205.

[163] Alwash A H，Abdullah A Z，Ismail N. Zeolite Y encapsulated with Fe-TiO$_2$ for ultrasound-assisted degradation of amaranth dye in water[J]. Journal of Hazardous Materials，2012，233-234: 184-193.

[164] Li Puma G，Bono A，Krishnaiah D，et al. Preparation of titanium dioxide photocatalyst loaded onto activated carbon support using chemical vapor deposition: a review paper. J Journal of Hazardous Materials，2008，157 (2-3): 209-219.

[165] Ma L，Chen A P，Zhang Z，et al. A new fabrication method of uniformly distributed TiO$_2$/CNTs composite film by in-situ chemical vapordeposition[J]. Materials Letters，2013，96: 203-205.

[166] Omri A，Lambert S D，Geens J，et al. Synthesis, surface characterization and photocatalytic activity of TiO$_2$ supported on almond shell activated carbon[J]. Journal of Materials Science & Technology，2014，30 (9): 894-902.

[167] Zhang X W，Lei L C. Effect of preparation methods on the structure and catalytic performance of TiO$_2$/AC photocatalysts[J]. Journal of Hazardous Materials，2008，153 (1-2): 827-833.

[168] Ohno T，Numakura K，Itoh H，et al. Control of the coating layer thickness of TiO$_2$-SiO$_2$ coreshell hybrid particles by liquid phase deposition[J]. Advanced Powder Technology，2011，22 (3): 390-395.

第 2 章　实验部分

2.1　实验材料及仪器设备

2.1.1　实验材料

本书所用主要材料和试剂见表 2.1。

表 2.1　实验材料和试剂

原料及试剂	规格	生产厂家
双酚 A（BPA）	≥99%	Singma-Aldrich
17α-乙炔基雌二醇（EE2）	98%	Singma-Aldrich
四乙氧基硅烷（TEOS）	分析纯	成都市科龙化工试剂厂
苯基三乙氧基硅烷（PhTES）	99%	Alfa Aesar
十六烷基三甲基溴化铵（CTAB）	99%	Aladdin
商品二氧化钛（AEROXIDE P25）	锐钛矿含量 80% 金红石 含量 20%	Evonik（德国）
硝酸（HNO_3）	优级纯	重庆川东化工试剂厂
氢氧化钠（NaOH）	分析纯	成都市科龙化工试剂厂
无水乙醇（C_2H_5OH）	≥99.7%	云南杨林工业开发区汕滇药业有限公司
甲醇（CH_3OH）	色谱纯	美国 TEDIA 试剂公司
乙腈（CH_3CN）	色谱纯	美国 TEDIA 试剂公司
纯净水	596 mL	昆明娃哈哈启力饮料有限公司
0.45 μm 过滤头	玻璃纤维	杭州麦滤过滤器材有限公司
天然鳞片石墨	325 目、1000 目	青岛金日来石墨有限公司
硫酸（H_2SO_4）	分析纯	天津市风船化学试剂科技有限公司
高锰酸钾（$KMnO_4$）	分析纯	国药集团化学试剂有限公司
双氧水（H_2O_2）	分析纯	国药集团化学试剂有限公司
氯化钡（$BaCl_2$）	分析纯	国药集团化学试剂有限公司
氢氟酸（HF）	分析纯	天津市风船化学试剂科技有限
盐酸（HCl）	分析纯	重庆川东化工有限公司
四氯化钛（$TiCl_4$）	分析纯	成都市科龙化工试剂厂
钛酸四丁酯（$C_{16}H_{36}O_4Ti$）	分析纯	重庆川东化工（集团）有限公司

续表

原料及试剂	规格	生产厂家
冰乙酸（CH_3COOH）	分析纯	天津市博迪化工有限公司
刺树木块	50 mm×20 mm×20 mm	中国云南
超纯水	18.25 MΩ/cm	上海优普实业有限公司制备
氢型 β 沸石	Hβ（50）（SiO_2/Al_2O_3 质量比为 50）	天津南开催化剂厂

2.1.2　仪器设备

本书所用主要设备见表 2.2。

表 2.2　主要实验设备

仪器设备	规格	生产厂家
高效液相色谱仪	1200	美国安捷伦公司
超纯水机	UPH-I	上海优普实业有限公司
数显智能控温磁力搅拌器	SZCL-2	巩义予华仪器有限责任公司
电子天平	AL204	梅特勒-托利多仪器有限公司
离心机	TDL-80-2B	上海安亭
酸度计	PhS-3C	上海精密科学仪器有限公司
数显鼓风干燥箱	101A-2 型	上海一恒科学仪器有限公司
真空干燥箱	BPZ-6050LC	上海一恒科学仪器有限公司
数显超声波清洗仪	SQ-3200HE	上海冠特超声仪器有限公司
超声波清洗仪	PS-40A	东莞市洁康超声波设备有限公司
光催化反应仪	XPA-7 G5 型	南京胥江机电厂
紫外辐照计	UV（254 nm，365 nm）	北京师范大学光电仪器厂
紫外灯	20W（λ=254 nm）	南京胥江机电厂
中压汞灯	100W（λ=365 nm）	南京胥江机电厂
台式恒温振荡器	THZ-98	太仓市华美生化仪器厂
磁力搅拌器	78 HW-1	杭州仪表电机厂
循环水式真空泵	SHE-D（III）	巩义市予华仪器有限责任公司
程控马弗炉	YFX12	上海意丰电炉有限公司
集热式恒温加热磁力搅拌器	DF-101S	巩义市予华仪器有限责任公司
高速离心机	ST16R	德国 Thermo
水热合成反应釜	50 mL、100 mL、200 mL	南通明胜四氟防腐设备有限公司
移液枪	1 mL、5 mL	美国 Thermo

2.2　实验方法

2.2.1　TiO_2复合光催化剂的制备

书中所用负载型 TiO_2光催化剂制备采用 sol-gel 法、水热法和生物模板法等方法。具体合成方法及步骤详见相关各章节叙述。

2.2.2　结构表征

材料的物相用日本理学 TTRⅢ 型 X 射线衍射仪（XRD）表征；材料的结构用英国雷尼绍公司型激光拉曼光谱仪（Renishaw invia Raman Microscope）分析；材料的形貌用美国 FEI QUANTA200 型扫描电子显微镜（SEM）和日本株式学社 JEM-2100 型透射电子显微镜（TEM）观测；材料的比表面积、孔径、孔容等采用美国 Micromeritics 公司 TriStar II 3020 型 N_2 吸附比表面积测定仪测定；样品表面元素的含量和化学态采用 ULVAC-PHI Inc 公司生产的 PHI5000X 光电子能谱仪（XPS）测定，复合光催化剂中的组成含量用日本理学公司 ZSX100e 的 X 射线荧光光谱仪（XRF）和 Vario EL 的有机元素分析仪测定；官能团确定用 Thermo Scientific Nicolet iS10 傅里叶变换红外光谱仪（FT-IR）测定。XRD 和 BET 表征要求对 TiO_2 复合光催化剂进行研磨处理；SEM 表征直接用制备的 TiO_2 复合光催化剂；TEM 表征要求对 TiO_2 材料进行超声处理；一些主要表征方法及测试条件如下。

1）扫描电子显微镜分析

对样品表面形貌的表征采用美国 FEI QUANTA200 型扫描电子显微镜（SEM），并配有 EDX 表面元素含量测定。操作电压 30 kV。制样方法：在碳膜上粘上少量干燥样品，呈薄层状，镀金 250 s，电流 1.5 mA，并进行测试。

2）透射电子显微镜分析

透射电子显微镜分析能提供材料的微观结构、晶体结构和化学成分等方面的信息。实验使用了日本电子公司的 JEM-2100 型透射电子显微镜（TEM）和配有电子衍射分析（SEAD）。测试电压为 200kV，制样方法：取少量样品分散于 C_2H_5OH 溶液中，超声分散 15 min，用滴管滴 1～2 滴样品在碳膜铜网上，晾干用于测试。

3）X 射线衍射分析

X 射线衍射分析技术广泛用于测定粉末样品的晶体结构、晶相组成、晶粒尺寸大小，衍射峰的强度和位置可以用于定性分析，判断样品的结构和物相组成。实验使用的衍射仪为 TTRⅢ 型 X 射线衍射仪（XRD），Cu 靶 Kα 辐射源，2θ 范围为 $20°\sim80°$、扫描率 10（°）/min，步长为 0.01（°）/s，DS=SS=0.5°，Rs=0.3mm，工作电压和工作电流分别为 40 kV 和 200 mA。

晶粒尺寸主要根据谢乐（Scherer）公式（2.1）进行计算：

$$D = K_1 \lambda (\beta_{\frac{1}{2}} \cos\theta) \tag{2.1}$$

式中，D 为晶粒平均尺寸；K_1 为晶体的形状因子，取 0.89；$\beta_{\frac{1}{2}}$ 为衍射线剖面半峰宽（rad.）；θ 为该晶面与 X 射线所成的角度（deg.）。

4）光电子能谱

样品的表面元素的含量和化学态采用 ULVAC-PHI Inc 公司生产的 PHI5000X

光电子能谱仪（XPS）测定。辐射源为单色的 Al 的 Kα 射线。所用的结合能都是以 284.6 eV 的外源碳进行校正。复合光催化剂表面中各元素的化学态，原始数据均使用公共的软件 XPSPEAK（4.1 版本）进行分峰拟合。

5）BET 测试

样品比表面积和孔容、孔径分布采用美国 Micromeritics 公司 TriStar II 3020 型 N_2 吸附比表面积测定仪测定，样品于 150 ℃脱气处理，测定温度 77 K。

6）X 荧光光谱

将材料进行干燥、研磨、压片后，采用日本理学公司 ZSX100e 的 X 射线荧光光谱仪（XRF）对材料中的各元素进行定性和定量分析。测试条件为扫描范围 0.5°～8°、工作电压 40 kV、工作电流 100 mA、DS＝0.5 mm、SS＝1 mm、扫描速度 4（°）/min。

7）拉曼光谱

拉曼光谱是基于分子对入射光散射所产生的光谱，是常用来研究石墨烯基复合光催化剂的结构和电子信息的手段。本书的研究主要采用拉曼光谱来获得氧化石墨以及还原石墨烯表面结构和缺陷信息，以及样品中 TiO_2 的晶体存在形式。实验采用英国 Renishaw invia Raman Microscope 型激光拉曼光谱仪测试材料的拉曼光谱，对样品进行结构分析、成分鉴别、缺陷研究等。拉曼分析样品制备是取少量样品置于载玻片上，并用另一载玻片将其压实，然后再用激光拉曼光谱仪测试，观察其峰位置和峰强度的变化，从而判断其结构的不同与变化，激光波长为 532 nm。

8）元素分析

元素分析可检测物质中的 C、H、N、S 等元素，因此常用来检测复合光催化剂中的 C 含量。本研究采用德国 Vario ELIII 元素分析系统公司的有机元素分析仪测定复合光催化剂中的 C、N 和 H 等元素的含量。测试条件为分析试样量 1.893～1.996 mg，分析压力为 $1.01×10^5$ Pa；分析出的 C、H 和 N 值以质量分数计。

9）傅里叶红外光谱

红外光谱可为官能团的鉴定提供最有效的信息。实验使用 Thermo Scientific Nicolet iS10 傅里叶变换红外光谱仪（FT-IR）进行测定，扫描范围 4000～400 cm^{-1}。实验采用 KBr 压片法，将少量样品与 KBr 在玛瑙中研磨并混合均匀后压成薄片（样品与 KBr 质量比为 1：100），用压片机将样品在 30 MPa 下保持 2 min，将压出的透明薄片取出后，分别在室温、空气条件下测定。

10）Zeta 电位分析

将一定质量的光催化剂和一定体积的水按比例配制成悬浮液，超声分散 15 min，调节 pH 在 1.0～7.0 范围内，静置 2 h，用一次性注射器吸取上层清液注入 U 形吸收池，在 298 K 条件下用英国 Malvern 公司的 Zetasizer Nano-ZS 型纳米粒度及电位分析仪进行 Zeta 电位的测试。

2.2.3　吸附和光催化性能测试

采用批量实验进行吸附/光催化降解实验，具体过程：分别称取一定量的 TiO_2 复合光催化剂于 50 mL 的石英试管中，用移液管移取 50.00 mL 一定浓度的双酚 A、EE2 溶液，其准确浓度为 C_0，加入磁力搅拌子，将石英试管放入 XPA-7 型光化学反应仪（图 2.1）中，启动反应仪。在暗处搅拌进行吸附/解吸平衡实验，在规定的时间间隔取出石英管，测定其浓度。当体系达到吸附/解吸平衡时，立即开启光源进行光催化降解，在规定的时间间隔取出石英试管，立即离心（4000 r/min，10 min），接着用 0.45 μm 的玻璃纤维滤膜过滤，然后用高效液相色谱进行定量分析，测定其浓度，每次均重复测定三次，再取平均值。

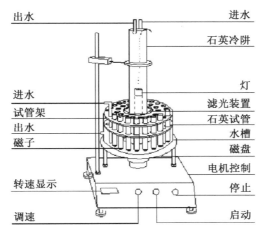

图 2.1　XPA-7 型光化学反应仪结构示意图

2.2.4　双酚 A 和 EE2 分析方法的建立

1）溶液的配制

双酚 A 的配制：准确称取一定量的双酚 A 溶于一定量的甲醇中，加蒸馏水稀释配成 100 mg/L 溶液，使其中的甲醇含量为 0.1% （V/V），然后再用蒸馏水稀释至所需要的浓度溶液。

EE2 溶液的配制：准确称取一定量的 EE2 溶于一定量的甲醇中，配制 3 g/L 的 EE2 贮备液，于冰箱中保存。准确量取一定量的 EE2 贮备液，加蒸馏水稀释，配制 3 mg/L 的 EE2 工作液，使其中的甲醇含量为 0.1% （V/V），超声 30 min 使其充分混合均匀。

2）分析方法的建立

定量分析采用美国安捷伦科技公司 1200series 高效液相色谱仪，光电二极管列阵检测器（DAD）。双酚 A 的检测条件：紫外检测波长为 226 nm，安捷伦分析型

Agilent ZORBAX SB-C18 反相柱（4.6 mm×250 mm，5 μm），柱温为 35 ℃，进样量为 20 μL。流动相组成为 45% 水和 55% 乙腈，流动相流速为 1 mL/min，停止时间为6 min。双酚 A 的出峰时间为 4.3 min。双酚 A 的标准曲线如图 2.2 所示，线性方程为 $A=6.316+65.56C$，线性范围为 0.5~80 mg/L，线性相关系数为 $r=0.9997$。

　　EE2 的检测条件：紫外检测波长为 210 nm，液相色谱柱为 Agilent ZORBAX SB-C18 反相柱（4.6 mm×250 mm，5 μm），柱温为 35 ℃，进样量为 20 μL。流动相组成为 80% C_2H_3OH 和 20% H_2O，流动相流速为 0.8 mL/min，停留时间为 6 min。EE2 的标准曲线如图 2.3 所示，线性方程为 $A=86.254C-0.8089$，线性范围为 0.06~6 mg/L，线性相关系数为 $r=0.9996$。

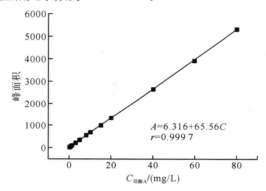

图 2.2　双酚 A 的标准曲线

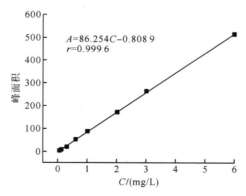

图 2.3　EE2 的标准曲线

2.2.5　吸附和光催化降解催化相关计算

　　为了获得复合光催化剂对双酚 A、EE2 的吸附去除率、平衡吸附量和光催化降解去除率，以及复合光催化剂对双酚 A、EE2 的光催化活性，设定加入的催化剂量

为 m，双酚 A 的初始浓度标记为 C_0，在吸附/光催化降解双酚 A、EE2 的实验过程任一时刻的浓度标记为 C，当达到吸附/解吸平衡时，其浓度标记为 C_q，光照开始以后，每间隔一段时间取样测定其浓度，此时标记为 C_t，则吸附去除率、光催化降解去除率和总的去除率按式（2.2）、式（2.4）和式（2.5）计算。平衡吸附量按式（2.3）进行计算（其中 V 为吸附/光催化降解溶液的体积，m 为加入的复合光催化剂的质量）。复合光催化剂的光催化活性用拟一级动力学模型描述，等式为式（2.5），获得降解动力学常数 κ 来评价催化活性。

　　1）吸附和光催化去除率

$$吸附去除率 = \frac{C_0 - C_q}{C_0} \times 100\% \tag{2.2}$$

$$平衡吸附量 = \frac{(C_0 - C_q) \times V}{m} \tag{2.3}$$

$$光催化降解去除率 = \frac{C_q - C_t}{C_q} \times 100\% \tag{2.4}$$

$$总的去除率 = \left(1 - \frac{C}{C_0}\right) \times 100\% \tag{2.5}$$

　　2）光催化降解一级动力学

$$\ln \frac{C_t}{C_q} = -\kappa t \tag{2.6}$$

第 3 章　TiO₂/改性 Hβ 复合材料
对双酚 A 的去除研究

3.1　引言

半导体 TiO₂ 光催化剂具有理化性质稳定、光催化活性高、无毒、低成本等特点，对环境中有机污染物具有广阔的应用前景。研究表明，TiO₂ 对有机污染物的吸附能力是影响其催化活性的关键。然而，比表面积小且具有一定亲水能力的 TiO₂ 对疏水性有机污染物几乎没有吸附能力，且其粉体材料容易发生团聚失活的现象，这极大地限制其在废水处理中的应用前景。

为了解决粉体 TiO₂ 自身存在的不足，科研工作者们主要致力于将粉体 TiO₂ 负载于对有机污染物有一定吸附能力的吸附剂上，制备了 TiO₂ 复合光催化剂，以达到对水体中低浓度的有机污染物（如双酚 A）的吸附-光催化降解协同去除。目前，疏水性沸石吸附剂载体因具有比表面积大、孔道规则、易于再生和光透性良好等优点而成为 TiO₂ 复合光催化剂的研究热点。Kuwahara[1] 等制备了 TiO₂ 与沸石的纸状复合材料，结果显示，基于吸附剂与催化剂的协同效应，薄片复合材料对双酚 A 的降解效果优于单独的 TiO₂ 薄片材料。Takeuchi[2] 等的研究表明疏水性的 USY 型沸石比亲水性的 Y 型沸石更能有效地吸附有机污染物，然后有机污染物可迁移至 TiO₂ 光催化剂表面而被降解，显示了较好的吸附能力和光催化活性。

本章将以改性 Hβ 沸石为沸石的代表，以此为载体，通过简单的浸渍-焙烧法制备 TiO₂/改性 Hβ 复合材料，并用于双酚 A 的去除研究。

3.2　实验部分

3.2.1　改性 Hβ（50）沸石的制备

分别称取 3.0 g Hβ（50）沸石粉末置于 250 mL 圆底烧瓶中，加入 100 mL 2 mol/L 的 HNO₃ 溶液，在 115 ℃ 的油浴中磁力搅拌回流反应 12 h，将反应后的沸石进行过滤并用一定量的超纯水洗涤数次至中性去除 HNO₃，然后将其置于 100℃ 真空干燥箱中真空干燥 12 h，得到白色块状固体，研磨后于马弗炉中焙烧，研磨后在马弗炉中通过程序升温（5℃/min）加热至 1000℃，在空气环境中 1000℃ 下继续焙烧 6 h，研磨，将改性 Hβ（50）沸石标记为 T-Hβ（50）。

3.2.2　TiO₂/改性 Hβ（50）复合材料的制备

本研究以 $(NH_4)_2[TiF_6]$ 为钛源，通过浸渍－焙烧法，制备 TiO₂/T-H (50) 复合材料[3]。制备的过程为：0.25 g T-Hβ（50）沸石置于 100 mL 圆底烧瓶中，加入 64.0 mL 0.02 mol/L 的 $(NH_4)_2[TiF_6]$ 溶液，超声分散 15 min，于 50℃ 的恒温水浴中搅拌反应 3 h，然后在 75℃ 下利用旋转蒸发仪去除溶剂，再于 110℃ 下真空干燥 12 h，得到白色固体，研磨后在马弗炉中通过程序升温（2.5℃/min）加热至 500℃，在空气环境中 500℃ 下继续焙烧 5 h，制备 TiO₂/T-Hβ（50），其中 TiO₂ 与 T-Hβ（50）沸石的质量比为 1∶10，标记为 1-10TiO₂/T-Hβ（50）。当复合材料中的 TiO₂ 与 T-Hβ（50）沸石的质量比分别为 1∶2、1∶1 时标记为 1-2TiO₂/T-Hβ（50）和 1-1TiO₂/T-Hβ（50）。此外，调节商品二氧化钛 P25 与 T-Hβ（50）沸石的质量比为 1∶10，通过机械混合的方式制备了对照材料，标记为 1-10P25/T-Hβ（50）。

3.3　结果与讨论

3.3.1　XRD 分析

为了研究负载前后沸石晶型的稳定性和负载的 TiO₂ 的晶型，利用 XRD 对 TiO₂/T-Hβ（50）和 T-Hβ（50）材料进行表征，表征结果如图 3.1 所示，T-Hβ（50）的特征衍射峰的位置为 7.5°、13.4°、22.4° 和 25.4°，属于 Hβ 沸石。复合材料中的 TiO₂ 的衍射峰为 25.4°、37.8° 和 48.2°，分别对应于锐钛矿型 TiO₂ 的（101）、（004）和（200）晶面，衍射峰较强，结晶性好。复合材料中 T-Hβ（50）衍射峰在 7.5°、13.4°、22.4° 和 25.4° 的强度略有下降，而其峰形基本保持不变，这是由于 TiO₂ 对衍射光的屏蔽作用造成的结果[4]。从图可知以 $(NH_4)_2[TiF_6]$ 钛源，通过浸渍－500 ℃ 焙烧的方法，能够获得 TiO₂/T-Hβ（50）复合材料，其中，沸石的结构没有发生改变，且负载的 TiO₂ 为锐钛矿相，结晶度高。

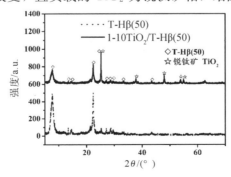

图 3.1　T-Hβ（50）负载 TiO₂ 前后的 XRD 图

3.3.2　XRF 分析

表 3.1　不同 $TiO_2/T-H\beta$（50）沸石质量比例的复合材料 XRF 测定数据

$TiO_2/T-H\beta$（50）的比例（理论）	$TiO_2/\%$	$Al_2O_3/\%$	沸石/% $SiO_2/\%$	总和/%	$TiO_2/T-H\beta$（50）实测质量比
1:20	5.51	0.64	93.90	94.54	1:17.24
1:10	11.40	0.65	87.90	88.55	1:7.76
3:10	22.80	0.63	76.50	77.13	3:10.15
1:1	48.50	0.63	50.90	51.53	1:1.07

　　为了获得复合材料中 TiO_2 和 Hβ（50）沸石的质量比例，采用 XRF 进行了表征和分析，结果如表 3.1 所示，TiO_2 与 T-Hβ（50）的理论计算质量比例为 1:20、1:10、3:10 和 1:1 时，其实际测定值分别约为 1:17、1:8、3:10 和 1:1。这表明，通过浸渍-500 ℃焙烧的方法，可以对复合材料中 TiO_2 与 T-Hβ（50）的负载质量比例进行控制。

3.3.3　比表面积分析

　　为了研究负载前后复合材料的比表面积、孔体积等的改变情况，采用 BET 法测定了 T-Hβ（50）沸石和 $TiO_2/T-H\beta$（50）复合材料，其 N_2 吸附-脱附等温线如图 3.2 所示，负载后的 1-10$TiO_2/T-H\beta$（50）与 T-Hβ（50）相比，除了其对 N_2 的吸附量有微弱减小，结构几乎没有变化，均属于 I 型等温线，其回滞环形状符合 H4 型回滞环，仍具有微孔材料的特点。表 3.2 为 T-Hβ（50）负载 TiO_2 前后的 BET 数据。从表 3.2 的数据可知，T-Hβ（50）和 1-10 $TiO_2/T-H\beta$（50）的比表面积分别为 393.79 m^2/g 和 259.34 m^2/g，下降了 134.45 m^2/g，其中，微孔比表面积分别为 301.43 m^2/g 和 206.38 m^2/g，下降了 95.05 m^2/g，总孔体积为 0.2935 cm^3/g 和 0.1471 cm^3/g，其中微孔体积为 0.1400 cm^3/g 和 0.0952 cm^3/g，下降了 0.0448 cm^3/g。由此可知，与 T-Hβ（50）相比，1-10 $TiO_2/T-H\beta$（50）复合材料的比表面积、微孔比表面积、总孔体积和微孔体积等出现了一定程度的降低，这可能是负载于 T-Hβ（50）表面的 TiO_2 堵塞了沸石的孔道所造成的，但是这并不会对 T-Hβ（50）沸石的内部结构产生巨大的影响。

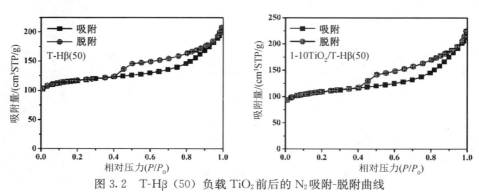

图 3.2　T-Hβ（50）负载 TiO_2 前后的 N_2 吸附-脱附曲线

表 3.2　T-Hβ（50）负载 TiO₂ 前后的 BET 数据

类型	S_{BET}/ (m²/g)	S_{micro}/ (m²/g)	$S_{external}$/ (m²/g)	V_t/ (cm³/g)	V_{micro}/ (cm³/g)	平均孔径/ nm
T-Hβ（50）	393.79	301.43	92.36	0.2935	0.1400	2.98
复合材料[a]	259.34	206.38	52.97	0.1471	0.0952	2.27

[a] 复合材料为 1-10TiO₂/T-Hβ（50）。

3.3.4　SEM 分析

图 3.3 是不同比例的 TiO₂ 负载于 T-Hβ（50）沸石前后的 SEM 图，图 3.3(a) 中 TiO₂ 与 T-Hβ（50）的质量比为 1∶10，图 3.3(b) 中 TiO₂ 与 T-Hβ（50）沸石 的质量比为 1∶2，图 3.3(c) 中 TiO₂ 与沸石的质量比为 1∶1，图 3.3(d) 为负载 前 T-Hβ（50）。从图可知，T-Hβ（50）为微米级的颗粒状固体，负载的 TiO₂ 颗粒 比较小，且随着 TiO₂ 负载量的增加，TiO₂ 颗粒在 T-Hβ（50）沸石表面的量越来越 多，且 TiO₂ 颗粒有变大的趋势。观察到的 TiO₂ 颗粒在 T-Hβ（50）沸石表面的堆 积现象与 XRD 检测到的 T-Hβ（50）沸石衍射峰减弱和 BET 数据显示的比表面积、 微孔比表面积、总孔体积和微孔体积等减小的测试结果相符。

图 3.3　不同比例的 TiO₂ 负载于 T-Hβ（50）沸石前后的 SEM 图：（a）1-10TiO₂/T-Hβ （50）；（b）1-2TiO₂/T-Hβ（50）；（c）1-1TiO₂/T-Hβ（50）；（d）T-Hβ（50）

3.3.5　TEM 及 EDS 分析

图 3.4 是不同比例的 TiO₂ 负载于 T-Hβ（50）沸石前后的 TEM 图，其中图 3.4(a)

为 T-Hβ（50）沸石的 TEM 图，图 3.4(b)、图 3.4(c)、图 3.4(d) 分别是复合材料 1-10TiO₂/T-Hβ（50）、1-2TiO₂/T-Hβ（50）和 1-1TiO₂/T-Hβ（50）的 TEM 图。从图 3.4(a) 可以看到 T-Hβ（50）颗粒轮廓清晰、容易辨别且颗粒较大，其作为光催化剂的载体用于污水处理方面易于实现分离回收。图 3.4(b) 中有许多无序的细小透明晶体结合在 T-Hβ（50）沸石的表面。随着 TiO₂ 与 T-Hβ（50）的质量比从 1：10 增加至 1：1 时，复合材料中 TiO₂ 的量在增大，TiO₂ 颗粒也变大，当质量比是 1：1 时，TiO₂ 颗粒更大，且出现了严重的团聚现象，TiO₂ 把 T-Hβ（50）颗粒完全包覆起来，如图 3.4(c) 和图 3.4(d) 所示，这必然会严重影响到 T-Hβ（50）的吸附性能。图 3.4(e) 和图 3.4(f) 分别是 1-10TiO₂/T-Hβ（50）材料在图 3.4(b) 中位置 A 和位置 B 的 EDS 图，能谱测试的数据证明了复合材料 1-10TiO₂/T-Hβ（50）中 TiO₂ 和 T-Hβ（50）结合情况及材料中各元素的比重，为 TEM 图的分析提供了证明。

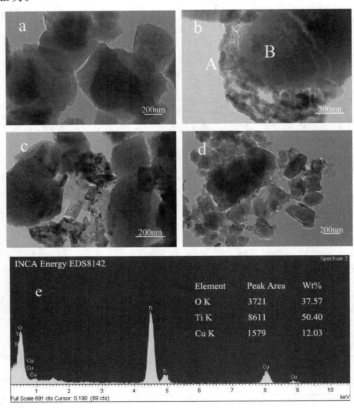

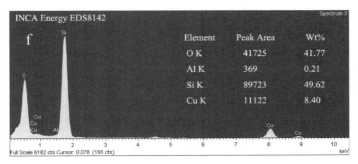

图 3.4　不同比例的 TiO₂ 负载于 T-Hβ（50）沸石前后的 TEM 图：(a) T-Hβ（50）；(b) 1-10TiO₂/T-Hβ（50）；(c) 1-2TiO₂/T-Hβ（50）；(d) 1-10TiO₂/T-Hβ（50）；(e) 和 (f) 分别对应 (b) 中的 A、B 位置的 EDS

3.4　TiO₂/改性 Hβ 复合材料对双酚 A 的去除研究

3.4.1　TiO₂ 与改性 Hβ 沸石载体的质量比例对 TiO₂/改性 Hβ 复合材料性能的影响

为了研究和优化复合材料中 TiO₂ 与 T-Hβ（50）的质量比例对复合材料吸附-光催化降解协同效应的影响，实验制备了 TiO₂ 与 T-Hβ（50）沸石的质量比分别为 1∶10、1∶2 和 1∶1 的复合材料，分别标记为 1-10TiO₂/T-Hβ（50）、1-2TiO₂/T-Hβ（50）和 1-1TiO₂/T-Hβ（50），并进行吸附和光催化降解实验，实验条件为复合材料的浓度 2.0 g/L，溶液的体积 10mL，双酚 A 溶液的浓度 200 mg/L，选择 100 W 的中压汞灯作为光催化反应的光源，直接进行吸附-光催化反应，取样时间间隔分别为 0 h、3 h、6 h、12 h 和 24 h。与此同时，上述反应液在不光照而其他条件相同的情况下进行吸附实验 24 h，通过吸附-光催化降解去除量减去吸附量，获得光催化降解去除量，其吸附-光催化实验结果如图 3.5 所示。从图 3.5 可知，在吸附方面，1-10TiO₂/T-Hβ（50）、1-2TiO₂/T-Hβ（50）和 1-1TiO₂/T-Hβ（50）的吸附量分别为 79.14 mg/g、61.27 mg/g 和 4.80 mg/g，说明随着 TiO₂ 比例的升高，其吸附能力逐渐下降，主要是因为其中的 TiO₂ 组分为亲水性，对疏水性双酚 A 基本没吸附能力。复合材料的光催化活性方面，1-10TiO₂/T-Hβ（50）、1-2TiO₂/T-Hβ（50）和 1-1TiO₂/T-Hβ（50）的催化活性分别为 0.40 mg/(g·h)、0.30 mg/(g·h) 和 0.163 mg/(g·h)，说明随着复合材料中 TiO₂ 比例的增加，复合材料的催化活性逐渐下降。由此可知，影响复合材料催化活性有两个方面，一方面是 TiO₂ 的含量增加必然会增加催化降解双酚 A 的量，但会造成其吸附能力急剧下降。另一方面是复合材料中 T-Hβ（50）量的减少，其吸附能力下降必然会减少其对双酚 A 的富集浓缩能力，使得 TiO₂ 的催化活性增加的不明显。综合两方面的因素，在保持较高吸附量的同时，尽可能地增加其催化活性，达到吸附-光催化降解协同去除水中的双酚 A，故选择了 TiO₂ 和 T-Hβ（50）的质量比为 1∶10。

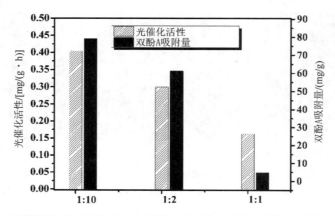

图 3.5　不同 TiO_2 与 T-Hβ（50）质量比例对复合材料吸附与光催化性能的影响

3.4.2　Hβ（50）沸石改性前后负载 TiO_2 复合材料的吸附-光催化性能研究

为了研究改性前后的 Hβ（50）和 T-Hβ（50）沸石负载 TiO_2 复合材料的吸附能力和光催化活性之间的关系，首先固定复合材料中 TiO_2 与沸石的质量比例为 1∶10，利用 $1\text{-}10TiO_2$/Hβ（50）、$1\text{-}10TiO_2$/T-Hβ（50）复合材料和 P25 光催化剂，进行吸附和光催化降解实验，结果如图 3.6 所示。由图可知，在吸附方面，P25、$1\text{-}10TiO_2$/Hβ（50）和 $1\text{-}10TiO_2$/T-Hβ（50）的吸附量分别为 0.37 mg/g、47.05 mg/g和 79.14 mg/g，说明 P25 对双酚 A 基本没有吸附能力，这是 P25 表面有极性羟基存在而显示亲水性的原因，而改性后负载的复合材料 [$1\text{-}10TiO_2$/T-Hβ（50）] 的吸附能力是改性前负载复合材料 [$1\text{-}10TiO_2$/Hβ（50）] 的 1.7 倍左右。对于光催化活性来说，P25、$1\text{-}10TiO_2$/Hβ（50）和 $1\text{-}10TiO_2$/T-Hβ（50）的光催化降解速率分别为 0.23 mg/（g·h）、0.14 mg/（g·h）和 0.40 mg/（g·h），其催化活性顺序为 $1\text{-}10TiO_2$/Hβ（50）＜P25＜$1\text{-}10TiO_2$/T-Hβ（50）。P25 的催化活性是$1\text{-}10TiO_2$/Hβ（50）的 1.6 倍，但在催化降解过程中 $1\text{-}10TiO_2$/Hβ（50）复合材料中 TiO_2 质量只有 P25 质量的 1/10 左右，然而对于 [$1\text{-}10TiO_2$/T-Hβ（50）]，其催化活性大大增强，其催化活性反而是 P25 的催化活性的 1.76 倍，这说明相对于$1\text{-}10TiO_2$/Hβ（50）复合材料，$1\text{-}10TiO_2$/T-Hβ（50）吸附能力的提高（1.7 倍）大大地促进了其催化活性的增强。这种催化活性的增强主要是因为疏水性沸石能够从水中吸附疏水性的双酚 A 分子，起到了浓缩富集的作用，再利用 TiO_2 活性位点降解双酚 A，从而具有较高的光催化活性，这与相关文献中报道的复合材料中载体的吸附能力与 TiO_2 的光催化剂活性研究结果一致[5]。此外，从图可知，$1\text{-}10TiO_2$/Hβ（50）和 $1\text{-}10TiO_2$/T-Hβ（50）复合材料的吸附能力远大于其催化活性，但其光催化活性还是比 P25 的催化活性高。所以，T-Hβ（50）沸石与 TiO_2 复合后，可通过吸附和光催化降解协同效应去除水中疏水性的内分泌干扰物双酚 A。

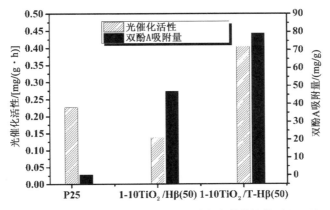

图 3.6　Hβ（50）沸石改性前后负载 TiO₂复合材料的吸附与光催化性能对比（以 P25 作为对照材料）

3.4.3　TiO₂/T-Hβ（50）复合材料对双酚 A 的去除研究

为了研究最优条件下制得的 1-10TiO₂/T-Hβ（50）的吸附-光催化降解协同效果，以 P25 和 1-10P25/T-Hβ（50）（机械混合）为对照材料进行吸附-光催化降解协同实验，实验结果如图 3.7 所示。图 3.7 为 1-10P25/T-Hβ（50）（机械混合）、1-10TiO₂/T-Hβ（50）和 P25 三种材料对双酚 A 的吸附（吸附实验在暗环境中进行）去除率［图 3.7（a）］和吸附-光催化降解（吸附-光催化协同实验在光照下进行）去除率［图 3.7（b）］，由图可知，1-10P25/T-Hβ（50）、1-10TiO₂/T-Hβ（50）和 P25 的吸附去除率分别为 72.3%、82.5% 和 0.39%，其吸附-光催化降解总去除率分别为 77.0%、92.6% 和 6.06%，将吸附-光催化降解总去除率减去吸附去除率，可得光催化降解去除率分别为 4.7%、10.1% 和 5.67%。结果显示，1-10TiO₂/T-Hβ（50）复合材料具有更高的吸附去除率和光催化降解去除率，其吸附去除率远大于光催化降解去除率，但复合材料具有很高吸附能力的同时，具有比 P25 和 1-10P25/T-Hβ（50）（机械混合）更高的催化活性，其光催化降解效率是 1-10P25/T-Hβ（50）和 P25 的 1.74 倍和 2.15 倍。有望利用该复合材料通过吸附-光催化降解协同去除水中的疏水性双酚 A，为其他疏水性有机污染的去除提供较好的途径。

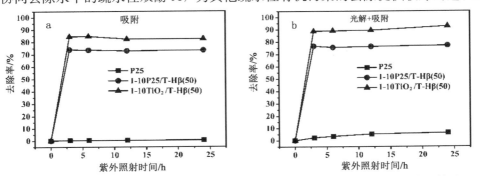

图 3.7 1-10P25/T-Hβ（50）（机械混合）、1-10TiO₂/T-Hβ（50）和 P25 对双酚 A 的吸附去除率（a）和吸附-光催化降解去除率（b）

3.5 本章小结

（1）以（NH$_4$）$_2$［TiF$_6$］为钛源，改性 Hβ（50）沸石为载体，采用浸渍-焙烧法制备了 TiO$_2$/改性 Hβ（50）复合材料，通过 XRD、XRF、BET、SEM、TEM 及 EDS 等表征，结果表明制备的复合材料中的 TiO$_2$ 为纯锐钛矿相，负载后沸石的比表面积和总孔体积分别下降了 134.45 m^2/g 和 0.1464 cm^3/g。

（2）优化了对吸附和催化活性产生较大影响的 TiO$_2$ 与 T-Hβ（50）的质量比，并研究了 Hβ（50）沸石改性前后负载 TiO$_2$ 复合材料的吸附能力与光催化活性之间的关系。结果表明，相比于其他比例，TiO$_2$ 与 T-Hβ（50）的质量比为 1∶10 时，具有最好的吸附能力（吸附量为 79.14 mg/g）和最好的催化活性［光催化速率为 0.40 mg/（g·h）］，改性后具有更高吸附能力的 T-Hβ（50）沸石与 TiO$_2$ 的复合材料 1-10TiO$_2$/T-Hβ（50），其吸附能力和光催化活性是改性前 Hβ（50）沸石与 TiO$_2$ 的复合材料 1-10TiO$_2$/Hβ（50）的 1.7 倍和 1.6 倍，且其光催化活性是 P25 ［0.23 mg/（g·h）］的 1.76 倍。

（3）制备的 1-10TiO$_2$/T-Hβ（50）材料，其吸附去除率为 82.5%，光催化降解去除率为 10.1%，总的吸附-光催化降解去除率为 92.6%，而 1-10P25/T-Hβ（50）（机械混合）的吸附去除率为 72.3%，光催化降解去除率为 4.7%，总去除率为 77.0%。1-10TiO$_2$/T-Hβ（50）材料的催化活性是 1-10P25/T-Hβ（50）的 2.14 倍。

参考文献

[1] Kuwahara Y, Kamegawa T, Mori K, et al. Fabrication of hydrophobic zeolites using triethoxyfluorosilane and their application as supports for TiO$_2$ photocatalysts[J]. Chemical Communications, 2008, 39: 4783-4785.

[2] Takeuchi M, Hidaka M, Anpo M. Efficient removal of toluene and benzene in gas phase by the TiO$_2$/Y-zeolite hybrid photocatalyst[J]. Journal of Hazardous Materials, 2012, 237-238 (7): 133-139.

[3] Kamegawa T, Kido R, Yamahana D, et al. Design of TiO$_2$-zeolite composites with enhanced photocatalytic performances under irradiation of UV and visible light[J]. Microporous and Mesoporous Materials, 2013, 165: 142-147.

[4] Mahalakashmi M, Vishnupriya S, Arabindoo B, et al. Photocatalytic degradation of aqueous propoxur solution using TiO$_2$ and Hbeta zeolite-supported TiO$_2$[J]. Journal of Hazardous Materials, 2009, 161 (1): 336-343.

[5] Yamashita H, Makawak, Nakao H, et al. Efficient adsorption and photocatalytic degradation of organic pollutants diluted in water using fluoride-modified hydrophobic mesoporous silica[J]. Applied surface Science, 2004, 237 (1-4): 393-397.

第4章 TiO$_2$/苯基介孔硅核/壳光催化剂的制备及吸附/光催化降解双酚A的研究

4.1 引言

为了解决 TiO$_2$ 纳米粒子的团聚和回收问题，有文献报道可制出 TiO$_2$/SiO$_2$ 核壳结构材料，利用包覆的 SiO$_2$ 把 TiO$_2$ 粒子相互隔开，减少 TiO$_2$ 团聚问题，同时，包裹的 SiO$_2$ 壳层还具有厚度可调、孔道可调、易于改性和光透过性好等优点。然而，SiO$_2$ 壳层表面存在大量的羟基，使其表现出很强的亲水性，它对强疏水性有机污染物基本没有吸附能力，因此，可通过调节孔道大小增加 SiO$_2$ 的疏水性[1]或利用烷基[2-4]、F[5-7] 等有机或无机官能团对其进行疏水改性，增大其对疏水性有机污染物的吸附能力，从而大大增加其光催化活性。

目前，未见有文献报道在 TiO$_2$ 的表面制备一层介孔硅壳层，并利用苯基对壳层进行疏水修饰，制得疏水型复合光催化剂。本章以商品 TiO$_2$（P25）为钛源、正硅酸乙酯（TEOS）和苯基三乙氧基硅烷（PHTES）为硅源、十六烷基三甲基溴化胺（CTAB）为结构导向剂、水和氨水为催化剂、乙醇为分散剂，采用溶胶凝胶法在 TiO$_2$ 的表面制备了一层 SiO$_2$ 壳，且在壳体中引入对低浓度、强疏水性有机污染物的有强吸附能力的有机官能团（苯基），用溶剂洗脱法去除结构导向剂 CTAB，制得 TiO$_2$/苯基介孔硅核/壳功能材料（TiO$_2$/Ph-MS）。利用 TEM、XRD、XRF、FT-IR、BET 等现代分析手段对复合光催化剂进行表征和分析。重点研究了 TiO$_2$/苯基介孔硅核/壳功能材料对双酚A的吸附和增强的光催化降解效率。

4.2 实验部分

4.2.1 TiO$_2$/苯基介孔硅核/壳材料的制备

TiO$_2$/苯基介孔硅核壳结构材料（TiO$_2$/Ph-MS）的制备过程参照 Inumaru 报道的方法，并进行适当的改进[8]。具体制备过程如下：用 28 g 热水（50 ℃）溶解 0.6 g CTAB，冷却至室温后加入 2.0 g 浓氨水（25%），在剧烈搅拌下，加入 0.8 g P25，超声 5 min，用浓氨水调节溶液的 pH 为 11.8。另配一混合溶液，此溶液含 8.0 mL 无水乙醇、2.16 g TEOS 和 1.14 g PHTES。在剧烈搅拌下，将此混合物溶液加入至上述悬浮液中，超声 10 min，室温搅拌水解反应 6 h，过滤，用无水乙醇和蒸馏水洗涤，80 ℃下真空干燥 12 h。然后用 50 mL 无水乙醇和 0.15 mol/L HCl 80 ℃回流 24 h 去除结构导向剂 CTAB，重复两次后，再用无水乙醇和水洗涤多次，80 ℃下真空干燥 24 h，制得 TiO_2/苯基介孔硅核/壳光催化剂，命名为 TiO_2/Ph-MS。

其他制备条件同上，只是在制备过程中不加 PHTES 时，获得的复合光催化剂为 TiO_2/介孔硅，命名为 TiO_2/MS。

本章主要采用 SEM、TEM、XRF、XRD、BET 和 FT-IR 对材料进行表征，所使用的仪器和具体测试条件参见本书第 2 章 2.2.2 节。

4.2.2　吸附双酚 A 研究

采用批量技术进行吸附实验。分别加入 0.05 g 复合光催化剂至 25 mL 10 mg/L 双酚 A 溶液的 50 mL 具塞锥形瓶中，置于 298 K 下，200 r/min 下恒温振荡，在不同时间取样（0～80 min），用 0.45 μm 玻璃纤维滤膜过滤后至高效液相色谱中测定其浓度。

4.3　结果与讨论

4.3.1　结构表征

1. 形貌分析

为了观察制备的 TiO_2/苯基介孔硅（TiO_2/Ph-MS）和 TiO_2/介孔硅（TiO_2/MS）复合光催化剂的形貌结构，先用 SEM 对 TiO_2-Ph-MS 和 TiO_2-MS 进行表征，然后再用 TEM 对 TiO_2/Ph-MS 和 P25 的微观形貌进行观察。图 4.1 是 TiO_2/Ph-MS 和 TiO_2/MS 的 SEM 图。由图可知，两种复合光催化剂的表面形貌有很大的差异，TiO_2/MS 为细小颗粒物，但也有少量直径达 1 μm 的大颗粒物，而 TiO_2/Ph-MS 为蓬松状固体颗粒，粒径较大。图 4.2（a）和图 4.2（b）分别为 P25 和 TiO_2/Ph-MS 的 TEM 图。从图可知，P25 的颗粒大小为 20～30 nm，有严重的团聚现象，当和苯基介孔硅结合后，颗粒变大，为 25～35 nm。且从 TiO_2/Ph-MS 的高分辨透射电镜图 [图 4.2(c)] 可以看出，TiO_2 被一层 SiO_2 包覆，分隔了 TiO_2 粒子，TiO_2 粒子相互分离，减少了其团聚问题。另外，从图 4.2(d) 可以明显看到 TiO_2 核层厚度约为 30 nm，且具有明显的晶格条纹，壳层厚度约为 2.1 nm，复合光催化剂具有明显的核/壳结构。

图 4.1　TiO₂/MS（a）、TiO₂/Ph-MS（b）的 SEM 图

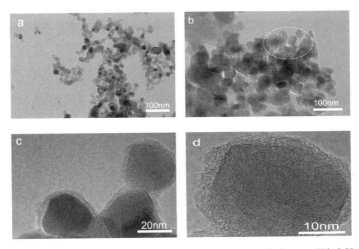

图 4.2　P25（a）和 TiO₂/Ph-MS（b）的 TEM 图及 TiO₂/Ph-MS
（c，d）的高分辨透射电镜 HRTEM

2. XRD 分析

为了探明 TiO₂/Ph-MS 核壳结构材料中 P25 的晶型在制备前后的变化情况，用
XRD 测试了 TiO₂/Ph-MS 不同质量比（TiO₂ 和 SiO₂ 的质量比分别为 46∶54、57
∶43 和 67∶33，质量比是 XRF 测试的实际值）的复合光催化剂中的 TiO₂ 的晶型
（图 4.3），从图可知，三种复合光催化剂的衍射峰位于 25.3°、27.4°、36.1°、
37.9°、41.3°、48.0°、54.4°和 62.8°，其中 25.3°、37.9°、48.0°、54.4°和 62.8°分
别属于锐钛矿型 TiO₂ 的（101）、（004）、（200）、（105）和（204）晶面，而 27.4°、
36.1°和 41.3°分别属于金红石型 TiO₂ 的（110）、（101）和（111）晶面。说明复合
光催化剂中 TiO₂ 晶型在制备前后不变，和 P25 的晶型一致，属于锐钛矿相和金红
石相混晶 TiO₂。另外，从图 4.3 可知，当 TiO₂ 与 Ph-MS 的质量比从 46∶54 增加
至 67∶33，$2\theta = 25.3°$的主要衍射峰的强度逐渐增大，主要原因是复合光催化剂中
的 TiO₂ 的质量逐渐增大，TiO₂ 晶体的衍射峰峰强必然增加。

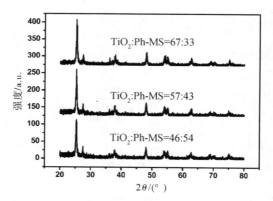

图 4.3　不同 TiO₂ 和 Ph-MS 质量比的 TiO₂/Ph-MS 复合材料的 XRD 图

3. FT-IR 分析

FT-IR 是一种鉴别官能团的有效的分析方法，特别是在鉴别同时含有有机官能团和无机官能团的结构时，可以很方便地从其特征峰中进行定性分析。为了考察 TiO₂/Ph-MS 复合光催化剂中苯基是否已经成功引入壳层中，对 TiO₂/MS 和 TiO₂/Ph-MS 进行红外光谱测试，结果如图 4.4 所示，从图可知，两种材料在波数分别为 1300～1000 cm⁻¹（1084 cm⁻¹、1140 cm⁻¹）、1645 cm⁻¹、3000～3500 cm⁻¹ 处有明显吸收峰，分别属 Si—O—S 伸缩振动、以及体系中 TiO₂ 或 SiO₂ 的表面羟基（—OH）特征峰。相对于 TiO₂/MS（b），TiO₂/Ph-MS（a）的红外光谱图中增加了两个峰，吸附峰分别出现在 1600 cm⁻¹、1435 cm⁻¹ 区域，属于苯环的特征峰，说明苯环已经成功引入介孔硅材料中。

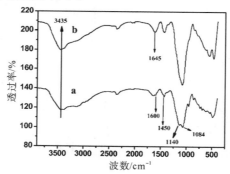

图 4.4　TiO₂/MS（a）和 TiO₂/Ph-MS（b）的红外光谱图

4. BET 分析

为了研究 TiO₂/Ph-MS 和 TiO₂/MS 核壳结构复合光催化剂中介孔硅的孔道结构，以及苯基的引入对孔道结构的影响，对 TiO₂/MS、TiO₂/Ph-MS 和 P25 进行 N₂吸附脱附实验，结果如图 4.5(a) 和图 4.5(b) 所示，从图 4.5(a) 可知，TiO₂/MS 和 TiO₂/Ph-MS 的吸脱附等温线互不重合形成滞留环。根据 1985 年，IUPAC

(International Union of Pure and Applied Chemistry) 提出的吸附等温线分类，均属于 IV 型，说明 TiO₂/MS 和 TiO₂/Ph-MS 复合光催化剂是典型的介孔材料（2～50 nm）。而 P25 的 BET 吸附属于 III 型，属于气固体之间的弱相互作用。图 4.5(b) 为 TiO₂/MS、TiO₂/Ph-MS 和 P25 的孔径分布图。图中可以直观地看出 TiO₂/MS、TiO₂/Ph-MS 的孔径在 2～4 nm 处有一个明显的峰，而 P25 没有峰，并且孔体积的大小顺序为 TiO₂/Ph-MS＞TiO₂/MS＞P25。表 4.1 列出了 TiO₂/MS、TiO₂/Ph-MS 和 P25 的比表面积及孔体积，由表可知，TiO₂/MS、TiO₂/Ph-MS 和 P25 的比表面积分别为 262.03 m²/g、140.23 m²/g 和 50.16 m²/g。孔体积分别为 0.2528 cm³/g、0.1389 cm³/g 和 0.1144 cm³/g，其中 TiO₂/MS 和 TiO₂/Ph-MS 微孔体积分别只有 0.0252 cm³/g 和 0.0156 cm³/g，介孔体积分别为 0.2276 cm³/g 和 0.1233 cm³/g，说明这两种复合光催化剂中的 SiO₂ 壳层主要以介孔形式存在。另外，TiO₂/Ph-MS 和 TiO₂/MS 中因为介孔硅壳层的存在使它们的比表面积远大于 P25，但是苯基的引入使得 TiO₂/Ph-MS 的比表面积和孔体积远小于 TiO₂/MS，主要原因是引入介孔内部的苯基因堵塞孔道而变窄[9]。

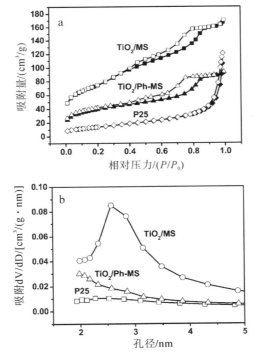

图 4.5　TiO₂/Ph-MS TiO₂/MS 和 P25 的 N₂ 吸附等温线
(a) 和孔径分布图 (b)

表 4.1　TiO₂/Ph-MS、TiO₂/MS 和 P25 比表面积和孔参数

催化剂	孔尺寸/ nm	BET 比表面积/ (m²/g)	微孔体积/ (cm³/g)	介孔体积/ (cm³/g)	总的孔体积/ (cm³/g)
TiO₂/Ph-MS	3.96	140.23	0.0156	0.1233	0.1389
TiO₂/MS	3.86	262.03	0.0252	0.2276	0.2528
P25	—	50.16	—	—	—

4.3.2　核/壳光催化剂对双酚 A 的吸附研究

在催化剂的催化过程中，吸附对催化活性有很大的增强作用，通过吸附可对水中低浓度的目标污染物实现富集浓缩，加快目标污染物的传质过程，大大提高光催化的效率。因此，考察催化剂对双酚 A 的吸附性能有利于进一步研究催化剂的光催化活性。为了研究苯基的引入对双酚 A 吸附能力的影响，实验研究了 TiO₂/Ph-MS 和 TiO₂/MS 两种材料（催化剂量为 1.0 g/L）对 10 mg/L 双酚 A 的吸附，结果如图 4.6 所示。由图可知，TiO₂/Ph-MS 和 TiO₂/MS 复合光催化剂对双酚 A 去除率分别为 74.8% 和 4.2%。可见把苯环引入介孔壳层后，TiO₂/Ph-MS 对双酚 A 的去除率远远大于 TiO₂/MS 对双酚 A 的去除率。主要原因是 TiO₂/Ph-MS 壳层中的苯环有很强的疏水能力，这种疏水能力可对疏水性双酚 A 通过疏水相互作用力，使得 TiO₂/Ph-MS 对双酚 A 的吸附去除率是 TiO₂/MS 的 17.8 倍。这种吸附能力的提高对光催化降解的贡献将在随后的光催化降解反应阶段进行讨论。

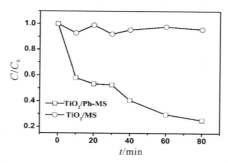

图 4.6　TiO₂/Ph-MS 和 TiO₂/MS（1 g/L）对双酚 A（10 mg/L）吸附

4.3.3　核/壳光催化剂对双酚 A 的光催化降解性能研究

从吸附的结果可知，苯基的引入可大大提高 TiO₂/Ph-MS 对双酚 A 的吸附能力，那么为了进一步研究优异的吸附能力与光催化活性之间的关系，实验研究了 TiO₂/Ph-MS 和 TiO₂/Ph 光催化剂（0.1 g/L）对 5 mg/L 双酚 A 的去除效果以及双酚 A（5 mg/L）的光解去除（图 4.7）。表 4.2 为 5 mg/L 双酚 A 在 TiO₂/Ph-MS 和 TiO₂/MS 光催化剂上的吸附去除率、光催化去除率和总的去除率。从图 4.7（a）和表 4.2 可知，双酚 A 在 TiO₂/Ph-MS 和 TiO₂/MS 的吸附去除率分别为 8.2% 和

0.4%，说明介孔壳程中引入的苯基与双酚 A 之间有较强的相互作用力，使得
TiO₂/Ph-MS 对双酚 A 的吸附能力大幅增加，而因为 TiO₂/MS 复合光催化剂具有
很强的亲水能力，对疏水性双酚 A 基本没有吸附能力。为了满足双酚 A 在 TiO₂/
Ph-MS 和 TiO₂/MS 达到吸附-解吸平衡，暗处吸附平衡时间设置为 120 min，然后
再开启紫外灯进行光催化降解，双酚 A 在 TiO₂/Ph-MS 和 TiO₂/MS 上的光催化降
解去除率分别为 20.24% 和 14.35%，光解的去除率为 8.41%。TiO₂/Ph-MS 和
TiO₂/MS 对双酚 A 的吸附和光催化降解总的去除率分别为 28.34% 和 14.72%，总
的去除率提高了近 1 倍。

　　为了进一步研究苯基的引入对复合光催化剂催化活性的影响，运用拟一级动力
学模型对光催化降解的数据进行拟合，结果如图 4.7（b）所示，TiO₂/Ph-MS 和
TiO₂/MS 的拟一级动力学催化降解速率常数分别为 0.00169 min⁻¹ 和 0.00108 min⁻¹。
TiO₂-Ph-MS 对双酚 A 的催化降解速率常数是 TiO₂/MS 的 1.57 倍。而光解的速率
常数只有 0.00064 min⁻¹，说明苯基的引入一方面可以增加其对双酚 A 的吸附能力，
另一方面可增加其对双酚 A 的光催化降解速率。这一结果说明光催化剂对降解目标污
染物的吸附能力对其光催化速率有着重要的影响，增大催化剂与反应物之间的吸附能
力有助于双酚 A 与 TiO₂ 活性位点的接触，从而提高其光催化效率[10]。

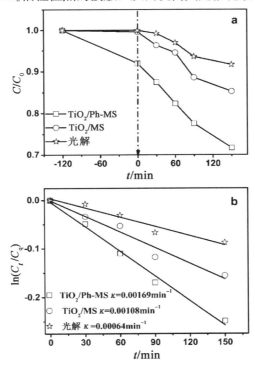

图 4.7　TiO₂/Ph-MS 和 TiO₂/MS（0.1 g/L）对双酚 A（5 mg/L）的光催化降解和光解时
间曲线（a）和相应的拟一级降解动力学拟合线（b）（箭头表示光照开始）

表 4.2　双酚 A 在 TiO₂/Ph-MS 和 TiO₂/MS 光催化剂上的吸附去除率、光催化降解去除率以及总的去除率

催化剂	吸附去除率/%	光催化降解去除率/%	总的去除率/%
TiO₂/Ph-MS	8.2	20.24	28.34
TiO₂/MS	0.4	14.35	14.72
光解的去除率为 8.41%			

　　总之，在 TiO₂/Ph-MS 复合光催化剂的介孔硅壳层中引入的苯基可通过 π-π 作用力对水中双酚 A 吸附去除，而且复合光催化剂中的 TiO₂ 保持原有 P25 的高催化活性，可通过吸附/光催化降解协同功能去除水体中的低浓度双酚 A。另外，增强的吸附能力可加快水中双酚 A 的迁移速率，加快其在 TiO₂ 表面的光催化降解效率。也有望利用该类复合光催化剂对其他低浓度、高毒性、强疏水性内分泌干扰的协同去除。

4.4　本章小结

　　(1) 采用 sol-gel 法在 TiO₂ 的表面制备了一层 SiO₂ 壳，用溶剂法洗脱去除表面活性剂 CTAB，得到 TiO₂/Ph-MS。并用 SEM、TEM、XRD、FT-IR、BET 和 XRF 对复合光催化剂进行表征，结果表明，TiO₂/Ph-MS 复合光催化剂是由 20～30 nmTiO₂ 核和 2.5 nm 介孔硅壳层组成，形成核/壳结构材料，该壳层中有疏水性的苯基存在。

　　(2) 研究了 TiO₂/Ph-MS 核/壳光催化剂对双酚 A 吸附去除效果，结果表明 TiO₂/Ph-MS 对双酚 A 的吸附去除率是 TiO₂/MS 的 17.8 倍。

　　(3) 研究了 TiO₂/Ph-MS 和 TiO₂/MS 对双酚 A 的吸附/光催化降解协同去除效果，评价了复合光催化剂的光催化活性，结果表明，TiO₂/Ph-MS 和 TiO₂/MS 对双酚 A 的吸附和光催化降解总的去除率分别为 28.34% 和 14.72%，总的去除率提高了近 1 倍。TiO₂/Ph-MS 和 TiO₂/MS 对双酚 A 的催化降解速率常数分别为 0.00169 min⁻¹ 和 0.00108 min⁻¹，TiO₂/Ph-MS 对双酚 A 的光催化降解速率是 TiO₂/MS 的 1.57 倍。

参考文献

[1] Inumaru K，Yasui M，Kasahara T，et al. Nanocomposites of crystalline TiO₂ particles and mesoporous silica：molecular selective photocatalysis tuned by controlling pore size and structure[J]. Journal of Materials Chemistry，2011，21（32）：12117-12125.

[2] Kapridaki C，Maravelaki-Kalaitzaki P. TiO₂-SiO₂-PDMS nano-composite hydrophobic coating with self-cleaning properties for marble protection[J]. Progress Organic Coatings，2013，76（2-3）：400-410.

[3] Liu C H，Lai N C，Liou S C，et al. Deposition and thermal transformation of metal oxides in mesoporous SBA-15 silica with hydrophobic mesopores[J]. Microporuous Mesoprous materials，2013，179：40-47.

[4] Kasahara T，Inumaru K，Yamanaka S. Enhanced photocatalytic decomposition of nonylphenol polyethoxylate by alkyl-grafted TiO₂-MCM-41 organic-inorganic nanostructure[J]. Microporuous Mesoprous materi-

als，2004，76 (1-3)：123-130.

[5] Kuwahara Y，Maki K，Kamegawa T，et al. Simple design of hydrophobic zeolite material by modification using TEFS and its application as a support of TiO₂ photocatalyst[J]. Toptics in Catalysis，2009，52 (1-2)：193-196.

[6] Xing M Y，Qi D Y，Zhang J L，et al. Super-hydrophobic fluorination mesoporous MCF/TiO₂ composite as a high-performance photocatalyst[J]. Journal of Catalysis，2012，294：37-46.

[7] Kamegawa T，Suzuki N，Tsuji K，et al. Preparation of hydrophobically modified single-site Ti-containing mesoporous silica (TiSBA-15) and their enhanced catalytic performances[J]. Catalysis Today，2011，175 (1)：393-397.

[8] Inumaru K，Kasahara T，Yasui M，et al. Direct nanocomposite of crystalline TiO₂ particles and mesoporous silica as a molecular selective and highly active photocatalyst[J]. Chemical Communications，2005，16：2131-2133.

[9] Kimura T，Suzuki M，Maeda M，et al. Water adsorption behavior of ordered mesoporous silicas modified with an organosilane composed of hydrophobic alkyl chain and hydrophilic polyethylene oxide groups [J]. Microporous and Mesoporous Materials，2006，95：213-219.

[10] Wang X J，Liu Y F，Hu Z H，et al. Degradation of methyl orange by composite photocatalysts nano-TiO₂ immobilized on activated carbons of different porosities[J]. Journal of Hazardous Materials，2009，169：1061-1067.

第 5 章　TiO₂/还原氧化石墨烯复合光催化剂的制备及吸附/光催化降解双酚 A 的研究

5.1　引言

　　石墨烯是新近发展起来的新型碳材料，具有导电能力优异，比表面积大，疏水性强，对疏水性有机污染物吸附富集能力较好等优点，已经被应用于对双酚 A 的吸附去除研究[1]，同时可以作为光催化剂的优良载体。制得的 TiO₂/石墨烯复合光催化剂相对于纯 TiO₂有如下优点：①利用石墨烯大的比表面积和强的疏水能力，可吸附富集双酚 A 等疏水性有机污染物，增加复合光催化剂表面有机污染物的浓度，加快疏水性有机污染物迁移至复合催化剂表面的速率，解决了因 TiO₂比表面积小和亲水性而对疏水性有机污染物基本没有吸附能力的问题，从而提高光催化降解效率。②利用石墨烯的优异导电性能，捕获光生电子，从而降低 TiO₂表面光生电子-空穴对的复合概率，大大增加复合光催化剂的光催化活性。③通过对复合光催化剂的紫外-可光光谱的研究，信号可响应至可见光区，特别是对有机染料的降解，石墨烯可起到光敏化作用，增大了可见光光催化降解的效率，可部分解决只能在紫外光下降解的限制。因此，TiO₂/石墨烯复合光催化剂的研究形成新的热点。

　　目前，TiO₂/石墨烯复合光催化剂主要应用于染料的光催化降解和水解制氢[2-4]，本章使用 TiO₂/石墨烯复合光催化剂通过吸附/光催化降解协同去除双酚 A。主要研究内容是：首先采用改进的 Hummers 氧化法制备氧化石墨，在水和乙醇的混合溶剂中经超声剥离制得氧化石墨烯溶液，再加入 P25，超声分散，然后用水热反应制备 TiO₂/还原氧化石墨烯复合光催化剂，并用 TEM、XRD、Raman 和 XPS 表征及分析其组成和结构。研究了还原氧化石墨烯的量、水热环境中水和乙醇的体积比对复合光催化剂性能的影响。重点研究了还原氧化石墨烯的量对复合光催化剂形貌的影响以及通过吸附和光催化降解协同作用去除水中的双酚 A。

5.2　实验部分

5.2.1　氧化石墨的合成

　　以天然磷片为原料，采用改进的 Hummer 法制备氧化石墨[5,6]，使石墨片层距

离由于官能团的产生而增加,便于剥离。具体的制备过程如下:

(1) 低温反应阶段:在搅拌条件下,将 2.5 g 天然鳞片石墨(325 目)缓慢加入到用冰浴冷却的 60 mL 浓 H_2SO_4(18 mol/L)中,然后将 1.25 g $NaNO_3$ 和 7.5 g $KMnO_4$ 研细,均匀混合后缓慢地加入到上述悬浮液中,在 5 ℃下维持 2 h。

(2) 中温反应阶段:用油浴把步骤 (1) 中悬浮液加热至 35 ℃并维持 1 h,再缓慢加入 120 mL 蒸馏水并保持悬浮液温度不超过 50 ℃。

(3) 高温反应阶段:把步骤 (2) 中的悬浮液加热至 93 ℃,保温 0.5 h。

(4) 反应结束:用温水(35 ℃左右)把步骤 (3) 中的悬浮液稀释至 350 mL,再加入 100 mL 6% H_2O_2 溶液与未反应完全的 $KMnO_4$ 反应,得到棕黄色悬浮液。

(5) 洗涤和干燥阶段:把步骤 (4) 中的棕黄色悬浮液趁热过滤,用 1 mol/L HCl 充分洗涤至无 SO_4^{2-} 检出(用 Ba^{2+} 检验,至无白色沉淀为止),然后用水离心洗涤(12000 r/min)至溶液 pH>6.5,50 ℃下真空干燥 24 h,得到片状亮黄色氧化石墨。

5.2.2　氧化石墨烯溶液的制备

将片状亮黄色的氧化石墨剪碎,在玛瑙研钵中研细,然后准确称取 0.3 g 氧化石墨于 150 mL 具有一定比例的 H_2O 和 C_2H_5OH 的混合溶剂中,制得 2 mg/mL 的氧化石墨悬浮液,超声剥离 2 h,离心(4000 r/min)15 min,取上层清液,得到棕黄色氧化石墨烯溶液,保存在冰箱中备用。

5.2.3　TiO₂/还原氧化石墨烯复合光催化剂的制备

本章以 P25 和自制的 GO 溶液为原料,在 C_2H_5OH 和 H_2O 的环境下,采用水热法制备 TiO₂/还原氧化石墨烯(RGO)复合光催化剂,该类复合光催化剂命名为 TiO₂-RGO[7]。以 RGO 的质量分数为 3.0% 时获得的 TiO₂-RGO 复合光催化剂为例,说明其具体的制备过程:准确移取 3 mL GO(H_2O 和 C_2H_5OH 的体积比为 2:1 为混合溶剂)溶液,然后加入 27 mL H_2O 和 C_2H_5OH 的混合溶剂($V_{水}$:$V_{乙醇}$=2:1),超声 1 h,在剧烈搅拌下加入 0.2 g P25,超声 10 min,室温下搅拌 2 h,然后将悬浮液转移入内衬为聚四氟乙烯的高温高压反应釜中,于 120 ℃条件下反应 8 h,自然冷却至室温,离心过滤、用水洗涤 3～5 次,50 ℃下真空干燥 12 h,制得黑色的 TiO₂/RGO 复合光催化剂,该复合催化剂命名为 P25-3RGO。可通过调节反应液中 GO 和 TiO₂ 的质量比例,制得 RGO 的质量分数为 1.0%、3.0%、5.0%、10.0% 和 20.0% 的 TiO₂-RGO 复合光催化剂,分别命名为 P25-1RGO、P25-3RGO、P25-5RGO、P25-10RGO 和 P25-20RGO。采用同样的方法,不加入 P25,在水和乙醇体积比为 2:1 的水热环境下,可制备得到 RGO。

5.3　结果与讨论

5.3.1　表征与分析

1. TEM 分析

　　为了观察制备的 P25/RGO 的形貌以及还原氧化石墨烯的含量对其形貌的影响，利用 TEM 对自制的 GO、RGO、P25、P25-3RGO、P25-10RGO 和 P25-20RGO 材料进行观察，结果如图 5.1 所示。由图可知，GO 具有薄纱状的层状结构，表面有很多起伏和褶皱［图 5.1(a)］，在 H_2O/C_2H_5OH 的环境中，通过水热处理后得到的 RGO 具有一种近似电子束透明的、很薄的扁平层状结构［图 5.1(b)］。P25 为 20～30 nm 的颗粒，有明显的团聚现象［图 5.1(c)］，当 P25 和 RGO 复合后，且 RGO 的质量分数为 3% 时，纳米 TiO_2 团聚现象较少，可均匀地分散在 RGO 层上［图 5.1(d)］。对图 5.1 (d) 中的选取区域进行放大［图 5.1(e)］，可以明显看出边缘清晰的 RGO 层存在，且有 20～30 nm 的 TiO_2 颗粒覆盖在其表面。随着还原氧化石墨烯的质量分数从 3.0% 增加至 10.0% 和 20.0% 时［图 5.1(f)、图 5.1(g)］，TiO_2 团聚现象逐渐增大，特别是 RGO 质量分数达到 20% 时，TiO_2 在还原氧化石墨烯的边缘区域有严重的团聚现象，而且大量的 RGO 裸露出来，RGO 的层数更多，厚度更大［图 5.1(h)］，相对于单层的石墨烯来说，这种多层的 RGO 的导电能力必然下降，且有大量的 RGO 未和 TiO_2 接触，在光催化过程中，其对电子/空穴分离的效率也会降低，其催化活性也会大大减弱。

　　综上所述，反应液中 GO 质量分数的增大对复合光催化剂中 TiO_2 的分散性、RGO 的厚度以及 RGO 与 TiO_2 的结合均产生很大的影响，这必然会影响复合光催化剂中 RGO 的导电能力、对光生-电子空穴的分离能力和复合光催化剂的光催化性能。

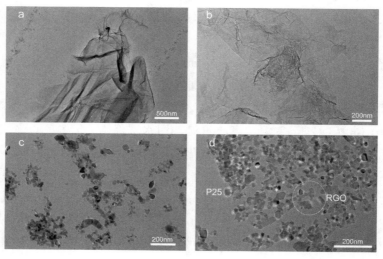

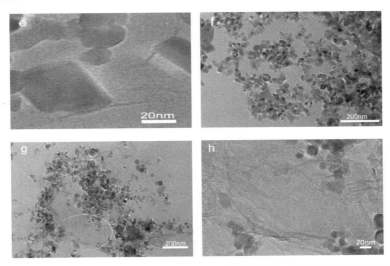

图 5.1　GO（a）、RGO（b）、P25（c）、P25-3RGO（d）、P25-10RGO（f）和 P25-20RGO（g）的 TEM 图，（e）和（h）分别为图 5.1(d) 和图 5.1(g) 图中所选区域的放大图

2. XRD 分析

为了研究复合光催化剂的晶相组成和结构，利用 XRD 对氧化石墨、RGO 和 P25-3RGO 纳米复合光催化剂进行表征，结果如图 5.2 所示。由图可知，与石墨的标准卡（JCPDSNO.41-1487）比较可以发现，石墨在 $2\theta=26°$ 左右的（002）晶面衍射峰消失，其晶面间距只有 0.34 nm，而氧化石墨（GO）在 $2\theta=10.8°$ 处出现了一个峰形尖锐、强度较高的特征峰，对应于氧化石墨的（001）晶面，其晶面间距约 0.7 nm。相比于石墨的晶面间距，氧化石墨的晶面间距的增大主要是由于氧化石墨稀片层间含有大量含氧官能团导致[8]。通过水热还原后（H_2O 和 C_2H_5OH 体积比为 2∶1），氧化石墨的衍射峰（$2\theta=10.8°$）消失，但在 $2\theta=24.5°$ 出现了一个新的特征衍射峰，说明氧化石墨已经被乙醇成功还原成 RGO[9]。P25-3RGO 纳米复合光催化剂的主要衍射峰有 25.3°、27.4°、36.1°、37.9°、41.3°、48.0°、54.4° 和 62.8°，其中 25.3°、37.9°、48.0°、54.4° 和 62.8° 分别属于锐钛矿型 TiO₂ 的（101）、（004）、（200）、（105）和（204）晶面，而 27.4°、36.1° 和 41.3° 分别属于金红石型 TiO₂ 的（110）、（101）和（111）晶面。说明通过水热处理后，复合光催化剂中 TiO₂ 晶型不变，和 P25 的晶型一致，由锐钛矿和金红石 TiO₂ 组成。另外，从复合光催化剂的 XRD 图中未观察到 RGO 的衍射峰（$2\theta=24.5°$），主要原因可能是复合光催化剂中 RGO 的质量比例较少（只有 3%），使得 RGO 的衍射峰强度较弱，且 RGO 在 $2\theta=24.5°$ 的特征峰被 TiO₂25.3° 的较强的衍射峰屏蔽[10]。

为了进一步研究 RGO 含量对 P25-RGO 纳米复合光催化剂衍射峰强的影响，用 XRD 对 P25-1RGO、P25-3RGO、P25-10RGO 和 P25-20RGO 纳米复合光催化剂进行表征，结果如图 5.3 所示，由图可知，随着 RGO 的质量分数从 1.0％增加至 20.0％，衍射峰的类型不变，均与 P25 的衍射峰一致，属于锐钛矿和金红石相混晶 TiO₂，但在 2θ＝25.3°的主要衍射峰的强度逐渐减弱，主要原因是 RGO 对光的掩蔽作用[11]。

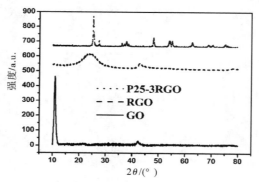

图 5.2　GO、RGO 和 P25-3RGO 纳米复合光催化剂的 XRD 图

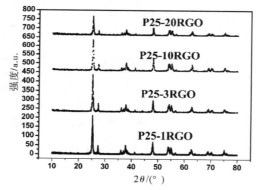

图 5.3　不同 RGO 含量 P25-RGO 复合光催化剂的 XRD 图

3. Raman 光谱分析

为了研究制备的 TiO_2/RGO 复合光催化剂的结构和电子特征，利用 Raman 光谱对 GO 和 P25-3RGO 进行表征，结果如图 5.4 所示。由图可知，相对于 GO 的 Raman 光谱峰，P25-3RGO 在波数为 148 cm^{-1}、396 cm^{-1}、519 cm^{-1} 和 639 cm^{-1} 处出现 4 个峰，这 4 个峰归属于锐钛矿 TiO_2，说明复合光催化剂中的 TiO_2 主要属于锐钛矿型[12]，而 P25 也是以锐钛矿型的存在形式为主，锐钛矿与金红石的比例为 80∶20。从图中还可以看到 GO 和 P25-3RGO 在 1605 cm^{-1} 和 1348 cm^{-1} 均出现 2 个峰，1605 cm^{-1}（G 带）属于 sp^2 碳原子，1348 cm^{-1}（D 带）属于 sp^3 的碳原子，D/G 的峰强比可反映氧化石墨通过水热反应后被还原的程度，氧化石墨和 P25-3RGO 的 $I_{D/G}$ 强度比值分别为 0.95 和 0.90，$I_{D/G}$ 的减小说明了经过水热反应后，GO 中的各种含氧基团被还原成石墨烯，恢复了石墨烯的 sp^2 骨架，这与 LOH

组的研究结果相一致[13]。

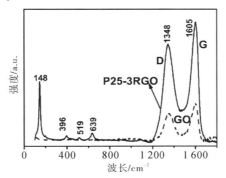

图 5.4　GO 和 P25-3RGO 纳米复合光催化剂的 Raman 光谱图

4. XPS 分析

为了进一步研究复合光催化剂中的元素组成、化学态以及通过水热反应后 GO 的还原程度。利用 XPS 对 GO 和 P25-3RGO 进行表征及分析，GO 和 P25-3RGO 中 C1s 的拟合结果如图 5.5 所示。GO 中的 C1s 拟合出 4 个峰 [图 5.5(a)]，结合能峰位依次为 284.78 eV、285.42 eV、287.24 eV 和 288.72 eV，分别归属于 C—C/C=C/H—C、C—O—H，C=O 和 C(O)O[4]。P25-3RGO 复合光催化剂中的 C1s 只拟合出两个峰 [图 5.5(b)]，结合能峰位于 284.8 eV 和 289.1 eV，分别归属于 C—C/C=C/H—C 键和 C(O)O 键。相对于 GO 中 C1s 的拟合峰，P25-3RGO 的 C1s 拟合的结合能位于 285.3 eV 和 287.24 eV 的峰消失，说明 C—O 和 C=O 键完全被还原，而 288.6 eV 处的峰强明显减弱，说明绝大部分的 C(O)O 也被还原。为了准确研究通过水热反应后 GO 的还原程度，分别计算了 GO 和 P25-3RGO 两种材料中含氧基团的峰面积与总的峰面积之比，然后再求出含氧基团的还原程度，计算结果如表 5.1 所示，GO 和 P25-3RGO 中含氧官能团与总碳的比例分别为 83.39% 和 7.02%，总的还原程度为 91.58%，说明在 C₂H₅OH 和 H₂O 的环境中，通过水热反应后，利用 C₂H₅OH 为还原剂时，GO 基本被还原为石墨烯。

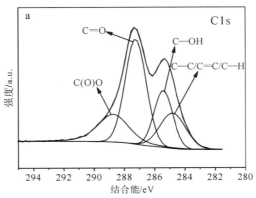

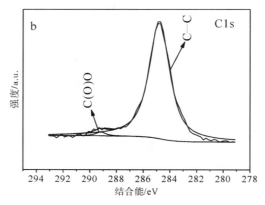

图 5.5　GO（a）和 P25-3RGO（b）的 C1s 拟合结果图

表 5.1　GO 和 P25-3RGO 中含氧碳与总碳的峰面积比以及含氧基团的还原比率

材料	$A_{C(O)O}/{}^cA_C$	$A_{C=O}/{}^cA_C$	$A_{C-O-H}/{}^cA_C$	$A_{CC}^a/{}^cA_C$	${}^bA_{CO}/{}^cA_C$
GO	0.1928	0.4258	0.2153	0.1661	0.8339
P25-3RGO	0.0702	0	0	0.9298	0.0702
还原比率%			91.58		

a：$A_{CC}=A_{C-C}+A_{C=C}+A_{C-H}$　b：$A_{CO}=A_{C(O)O}+A_{C=O}+A_{C-O-H}$　c：$A_C=A_{C(O)O}+A_{C=O}+A_{C-O-H}+A_{C-C}+A_{C=C}+A_{C-H}$

5.3.2　吸附和光催化性能研究

　　为了弄清合成条件对 TiO_2/RGO 复合光催化剂吸附/光催化降解协同去除水中双酚 A 的影响，将不同合成条件下合成的复合光催化剂用于吸附/光催化降解去除双酚 A，按第 2 章式（2.2）和式（2.4）计算吸附去除率和光催化降解去除率。重点考察了合成条件因素包括水热反应环境中 H_2O 和 C_2H_5OH 混合溶剂的体积比、RGO 的含量对复合催化剂性能的影响，按第 2 章式（2.6）拟合实验数据，求得光催化降解双酚 A 的拟一级动力学速率常数 κ。

1. RGO 含量对 P25-RGO 复合光催化剂吸附和催化性能的影响

　　为了探明 P25-RGO 中 RGO 的含量对复合光催化剂的吸附和催化性能的影响，文中采用不同 GO 占比所制 P25-RGO 复合光催化剂对双酚 A 进行吸附光催化降解协同去除。吸附和光催化降解实验条件为催化剂的浓度为 0.5 g/L，双酚 A 的初始浓度为 10 mg/L。图 5.6 为不同 RGO 含量的 P25-RGO 纳米复合光催化剂吸附/光催化降解去除双酚 A 的时间曲线以及相应的降解动力学拟合结果。表 5.2 为双酚 A 在不同 RGO 含量的 P25-RGO 纳米复合光催化剂上的吸附去除率、光催化去除率和总的去除率。从图 5.6（a）可知，双酚 A 在 P25-1RGO、P25-3RGO、P25-5RGO、P25-10RGO 和 P25-20RGO 复合光催化剂的表面进行吸附/解吸实验，所有的复合光催化剂在 60 min 内均可达到吸附/解吸平衡。表 5.2 显示 P25-1RGO、

P25-3RGO、P25-5RGO、P25-10RGO 和 P25-20RGO 复合光催化剂吸附去除率分别为 3.19%、8.71%、11.09%、12.77% 和 28.25%。随着 RGO 的量从 1% 增加至 20%，其对双酚 A 的吸附去除率从 3.19% 增加至 28.25%，这主要是因为复合光催化剂中的 RGO 组分对双酚 A 有较强的吸附能力，这种吸附能力主要是 RGO 与双酚 A 的苯环之间的 π-π 相互作用[1]，且引入的 RGO 量越多，对双酚 A 的吸附去除率越大。为了满足双酚 A 在所有的复合光催化剂上达到吸附/解吸平衡，暗处吸附平衡时间设置为 120 min，然后再开启紫外灯进行光催化降解步骤。双酚 A 在 P25-1RGO、P25-3RGO、P25-5RGO、P25-10RGO 和 P25-20RGO 上的光催化降解去除率分别为 45.2%、53.1%、49.1%、43.7% 和 34.5%。吸附和光催化降解总的去除率分别为 48.42%、64.23%、57.84%、56.50% 和 62.72%。从吸附/光催化降解协同去除双酚 A 的角度分析，复合光催化剂中最佳的 RGO 的含量为 3%，在 120 min 内，双酚 A 的总去除率达到 64.23%。

为了进一步研究 RGO 量对复合光催化剂催化活性的影响，运用拟一级动力学模型拟合实验数据，结果如图 5.6(b) 所示，由图可知，P25-1RGO、P25-3RGO、P25-5RGO、P25-10RGO 和 P25-20RGO 复合光催化剂对双酚 A 的拟一级降解动力学常数 κ 分别为 0.0042 min^{-1}、0.0061 min^{-1}、0.0051 min^{-1}、0.0046 min^{-1} 和 0.0044 min^{-1}。当 RGO 的含量从 1% 增加至 3% 时，降解动力学常数从 0.0042 min^{-1} 增加至 0.0061 min^{-1}，这说明适当增加 RGO 量有助于提高复合光催化剂的催化活性。当 RGO 的含量从 3% 逐渐增加至 20% 时，降解动力学常数逐渐下降，这说明过量的 RGO 不利于催化活性的提高。可能的原因是过量的 RGO 的会对光有吸收，使得 TiO₂ 对光的利用率下降，催化活性随之下降。另外，从 P25-3RGO、P25-10RGO 和 P25-20RGO 的 TEM 图的表征结果可知，随着 RGO 量的增加，TiO₂ 在 RGO 的边缘区域有严重的团聚现象，大量的 RGO 裸露出来，而且 RGO 出现堆积现象，这些因素必然会造成 RGO 对 TiO₂ 光生电子-空穴的分离能力下降，其催化活性也会大大减弱。

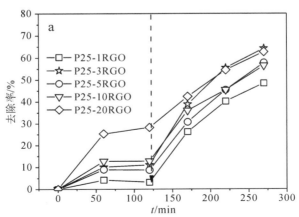

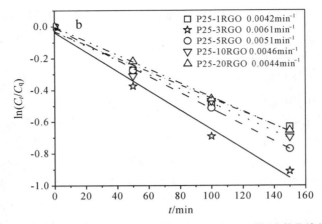

图 5.6　不同 RGO 含量的 P25-RGO 复合光催化剂（0.5 g/L）吸附/光催化降解去除 10 mg/L
双酚 A 的时间曲线（a），以及相应的拟一级催化降解动力学拟合线（b）（箭头表示光照
开始）

**表 5.2　双酚 A 在含有不同比例 RGO 的 P25-RGO 复合材料上的吸附去除率、
光催化降解去除率以及总的去除率**

光催化剂	吸附去除率/%	光催化去除率/%	总的去除率/%
P25-1RGO	3.19	45.20	48.42
P25-3RGO	8.71	53.1	64.23
P25-5RGO	11.09	49.1	57.84
P25-10RGO	12.77	43.7	56.50
P25-20RGO	28.25	34.5	62.72

2. H_2O/C_2H_5OH 混合溶剂体积比对 P25-3RGO 吸附和催化性能的影响

　　到目前为止，可以在水热反应体系中添加水合肼、硼氢化钠、葡萄糖、
C_2H_5OH 等还原剂把 GO 全部或部分还原为石墨烯。本章采用 C_2H_5OH 为还原剂，
固定 RGO 的比例为 3%，通过调节 H_2O 和 C_2H_5OH 的比例（100% H_2O、100%
C_2H_5OH 和 $V_{H_2O} : V_{C_2H_5OH}$ 为 2∶1、1∶1 和 1∶2），制备出一系列的复合光催化
剂，并应用于双酚 A 的去除研究。吸附和光催化降解实验条件为催化剂的浓度为
0.5 g/L，双酚 A 的初始浓度为 10 mg/L，实验结果如图 5.7 和表 5.3 所示。从图 5.7(a)
和表 5.3 可知，当水热环境为 100% 水，$V_{水} : V_{C_2H_5OH}$＝2∶1、1∶1、1∶2 和 100%
C_2H_5OH 时，其吸附去除率分别为 4.20%、11.09%、13.29%、18.0% 和 2.19%，
光催化降解去除率分别为 35.48%、53.14%、36.50%、35.42% 和 27.40%，总的
去除率分别为 39.68%、64.23%、49.77%、47.41% 和 29.59%。从此可知，从全
水环境到 H_2O 和 C_2H_5OH 的体积为 1∶2 时，制备的复合光催化剂对双酚 A 的吸
附去除率从 4.20% 增加至 18.0%，说明还原剂 C_2H_5OH 比例的增加，产生的石墨
烯的比例也在增加，而在纯 C_2H_5OH 环境下制得的复合光催化剂，其吸附去除率

只有 2.18%，说明相对于 H_2O 和 C_2H_5OH 的混合溶剂，纯 C_2H_5OH 环境不利于产生吸附性能优良的石墨烯。光催化降解动力学研究表明［图 5.7(b)］，当水热环境为 100% 水，V_{H_2O} ： $V_{C_2H_5OH}$ ＝ 2：1、1：1、1：2 和 100%C_2H_5OH 时，其拟一级降解动力学常数分别为 0.00322 min^{-1}、0.00615 min^{-1}、0.00355 min^{-1}、0.00294 min^{-1} 和 0.00220 min^{-1}。当 C_2H_5OH 的比例从 0 增加至 1/3 时，降解动力学常数从 0.00322 min^{-1} 增加至 0.00615 min^{-1}，说明随着还原剂 C_2H_5OH 比例的增加，产生的石墨烯的比例在增加，有助于提高复合光催化剂的催化活性。当 C_2H_5OH 的比例进一步增加到 100% 时，降解动力学常数也急剧下降至 0.00220 min^{-1}，这说明随着 C_2H_5OH 比例的大幅增加，制备的复合材料中的 RGO 对双酚 A 的吸附能力变差，导电能力变差，进而大大影响其催化活性。

从实验结果可知，当水热环境中 H_2O 和 C_2H_5OH 的体积比为 2：1，总的去除率为 64.23%，光催化降解动力学常数为 0.00615 min^{-1}，均为最大值，所以选择的水热环境为 H_2O 和 C_2H_5OH 的体积比为 2：1。

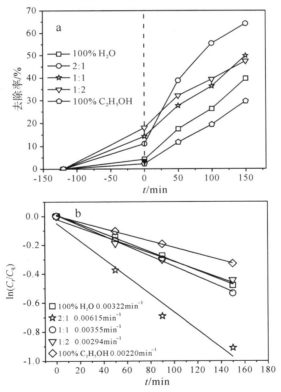

图 5.7　在不同水热环境下（100%H_2O、V_{H_2O} ： $V_{C_2H_5OH}$ ＝ 2：1、1：1、1：2 和 100%C_2H_5OH）合成的 P25-3RGO 纳米复合光催化剂（0.5 g/L）吸附/光催化降解去除双酚 A（10 mg/L）的时间曲线（a），以及相应的拟一级催化降解动力学拟合线（b）（箭头表示光照开始）

表 5.3　双酚 A 在不同水热环境下（100%H_2O、$V_{H_2O}:V_{C_2H_5OH}=2:1$、$1:1$、$1:2$ 和 100% C_2H_5OH）合成的 P25-3RGO 纳米复合光催化剂的吸附去除率、光催化降解去除率以及总的去除率

水和乙醇的体积比	吸附去除率/%	光催化降解去除率/%	总的去除率/%
100%H_2O	4.20	35.48	39.68
$2:1$	11.09	53.14	64.23
$1:1$	13.29	36.50	49.77
$1:2$	18.00	35.42	47.41
100%C_2H_5OH	2.19	27.40	29.59

3. P25-3RGO 复合光催化剂和 P25 吸附/光催化性能的比较

为了评价最优条件下制得的 P25-3RGO 复合光催化剂的吸附和光催化性能，以 P25 为比较对象，进行吸附和光催化降解实验。吸附和光催化降解实验条件为催化剂的浓度为 0.3 g/L，双酚 A 的初始浓度为 5 mg/L，实验结果如图 5.8。表 5.4 为 P25-3RGO、P25 光催化剂对双酚 A 的吸附去除率、光催化降解去除率和总的去除率。从图 5.8(a) 可知，当达到吸附-脱附平衡时，P25-3RGO 和 P25 对双酚 A 的吸附去除率分别为 12.2% 和 1.0%，光催化降解去除率分别为 70.4% 和 44%，总的去除率分别为 82.6% 和 45%，而光解的去除率为 12.2%（表 5.4）。从此可知，P25 对双酚 A 基本没有吸附能力，而 RGO 和 P25 复合后，P25-3RGO 复合光催化剂对双酚 A 的吸附能力大大提高，主要是因为 P25 表面为亲水性，其对水的结合能力远远大于对疏水性双酚 A 的结合能力，而 P25-3RGO 复合光催化剂中的 RGO 可通过 π-π 作用力吸附水中的双酚 A。此外，从相应的拟一级动力学降解拟合结果可知 [图 5.8(b)]，P25-3RGO 和 P25 对双酚 A 的拟一级降解动力学常数分别为 0.0132 min^{-1} 和 0.00451 min^{-1}，光解的速率常数为 0.0009633 min^{-1}。P25-3RGO 催化活性是 P25 的 2.93 倍。P25-3RGO 很强的光催化活性一方面是由于复合光催化剂中 RGO 对双酚 A 的强吸附能力，使得双酚 A 在复合光催化剂表面进行富集浓缩，而且水相中的双酚 A 可快速迁移至复合光催化剂的表面。但更重要的原因是 RGO 可以抑制 TiO_2 表面产生的光生电子-空穴对的复合，从而大大提高其催化活性。

总之，可以利用 P25-RGO 复合光催化剂中 RGO 的强吸附能力，以及 TiO_2 的高催化活性，可通过吸附光催化降解协同去除水体中的低浓度双酚 A，也有望将该类复合光催化剂用于其他低浓度、高毒性和强疏性内分泌干扰的协同去除。

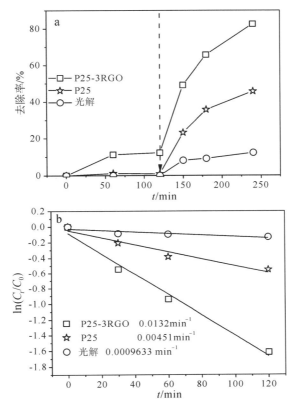

图 5.8　P25-3RGO 和 P25（0.3 g/L）吸附/光催化和光解双酚 A（5 mg/L）时间曲线（a），以及相应的拟一级催化降解动力学拟合线（b）（箭头表示光照开始）

表 5.4　P25-3RGO、P25 光催化剂对双酚 A 的吸附去除率、光催化降解去除率以及总的去除率

光催化剂	吸附去除率/%	光催化降解去除率/%	总的去除率/%
P25-3RGO	12.2	70.4	82.6
P25	1.0	44.0	45.0
光解的去除率为12.2%			

5.4　本章小结

（1）利用改进的 Hummer 方法制备了氧化石墨。氧化石墨片层表面含有大量的含氧基团，片层距离增大，范德瓦耳斯力减小，可通过超声作用将氧化石墨剥离成 GO。

（2）在 C_2H_5OH 和 H_2O 的混合溶剂中，以 P25 和自制的 GO 溶液（H_2O 和 C_2H_5OH 混合溶剂）为原料，利用水热法制备了 TiO_2/RGO 复合光催化剂，并用 TEM、XRD、Raman 光谱和 XPS 进行表征及分析。结果表明，在 H_2O 和

C_2H_5OH 的体积比为 2∶1 时，通过水热反应后，98.50% 的 GO 被还原为石墨烯，20～30 nm 的 TiO_2 纳米粒子分散在 RGO 上，且 RGO 的量对复合光催化剂的分散性有很大的影响，当 RGO 的量为 3.0% 时，分散性较好。

（3）研究了制备复合光催化剂的水热环境（H_2O 和 C_2H_5OH 的体积比）、复合光催化剂中 RGO 的比例对吸附/光催化降解双酚 A 的影响，结果表明最佳的制备条件为 H_2O 和 C_2H_5OH 的体积比为 2∶1，RGO 的质量比例为 3%。其吸附和光催化降解协同作用去除双酚 A 的效果最好，其吸附去除率为 12.2%，光催化降解去除率为 70.4%，总的去除率为 82.6%，而 P25 的吸附去除率仅为 1%，且其光催化降解去除率也只有 44%，总的去除率只有 45%。P25-3RGO（$0.0132 \ min^{-1}$）对双酚 A 的光催化活性是 P25（$0.00451 \ min^{-1}$）的 2.93 倍。

（4）探明了 P25-3RGO 复合光催化剂具有高的催化活性的原因，主要是 RGO 与 P25 复合后，RGO 一方面可通过与双酚 A 的 π-π 作用力加快水中低浓度疏水性双酚 A 迁移至 TiO_2 的表面，起到富集浓缩作用，另一方面 RGO 的优良导电能力可抑制 TiO_2 表面产生的光生电子-空穴对的复合概率，从而大大提高其催化活性。水中低浓度疏水性双酚 A 可通过 RGO 的吸附和 P25 的光催化降解协同去除。

参考文献

[1] Xu J, Wang L, Zhu Y. Decontamination of bisphenol A from aqueous solution by graphene adsorption [J]. Langmuir, 2012, 28 (22)：8418-8425.

[2] Morales-Torres S, Pastrana-Martinez L M, Figueiredo J L, et al. Design of graphene-based TiO_2 photocatalysts-a review[J]. Environmental Science and Pollution Research, 2012, 19 (9)：3676-3687.

[3] Zhang X Y, Sun Y J, Cui X L, et al. A green and facile synthesis of TiO_2/graphene nanocomposites and their photocatalytic activity for hydrogen evolution[J]. International Journal of Hydrogen Energy, 2012, 37 (1)：811-815.

[4] Wang D T, Li X, Chen J F, et al. Enhanced photoelectrocatalytic activity of reduced graphene oxide/ TiO_2 composite films for dye degradation[J]. Chemistry Engineering Journal, 2012, 198-199：547-554.

[5] Hummers W S, Offeman R E. Preparation of graphitic oxide[J]. Journal of The American Chemical Society, 1958, 80 (6)：1339.

[6] Stankovich S, Dikin D A, Dommett G H B, et al. Graphene-based composite materials[J]. Nature, 2006, 442 (7100)：282-286.

[7] Zhang H, Lv X J, Li Y M, et al. P25-graphene composite as a high performance photocatalyst[J]. ACS Nano, 2010, 4 (1)：380-386.

[8] Stankovich S, Dikin D A, Finer R D, et al. Synthesis of graphene-based nanosheets via chemical reduction of exfoliated graphite oxide[J]. Carbon, 2007, 45：1558-1565.

[9] Perera S D, Mariano R G, Vu K, et al. Hydrothermal synthesis of graphene-TiO_2 nanotube composites with enhanced photocatalytic activity[J]. ACS Catalysis, 2012, 2 (6)：949-956.

[10] Sher Shah M S, Park A R, Zhang K, et al. Green synthesis of biphasic TiO_2-reduced graphene oxide nanocomposites with highly enhanced photocatalytic activity[J]. ACS Applied Materials & Interfaces, 2012, 4 (8)：3893-3901.

[11] Zhang Y H, Tang Z R, Fu X Z, et al. TiO_2-graphene nanocomposites for gas-phase photocatalytic

degradation of volatile aromatic pollutant: is TiO₂-graphene truly different from other TiO₂-carbon composite materials[J]. ACS Nano, 2010, 4 (12): 7303-7314.

[12] Shi M, Shen J F, Ma H W, et al. Preparation of graphene-TiO₂ composite by hydrothermal method from peroxotitanium acid and its photocatalytic properties[J]. Colloid and Surfaces A: Physicochemical and Engineering Aspects, 2012, 405: 30-37.

[13] Zhou Y, Bao Q B, Tang L A L, et al. Hydrothermal dehydration for the "green" reduction of exfoliated graphene oxide to graphene and demonstration of tunable optical limiting properties[J]. Chemistry of Materials, 2009, 21: 2950-2956.

第 6 章　水热合成表面氟化 TiO₂/RGO 复合光催化剂及吸附/光催化降解双酚 A 的研究

6.1　引言

第 5 章的实验结果表明可以利用石墨烯基 TiO₂ 复合光催化剂中 RGO 对双酚 A 的强吸附能力，以及 TiO₂ 的高催化活性，通过吸附/光催化降解协同去除水体中的低浓度双酚 A。但是这种方法是以 TiO₂ 纳米颗粒和 GO 为原料，存在纳米颗粒和 TiO₂ 结合力不足的问题。为了解决这个问题，本章采用 TiCl₄ 为原料，利用 Ti⁴⁺ 与 GO 之间的作用力，制得 TiO₂ 与石墨烯之间有结合能力的复合光催化剂。

另有文献报道吸附在 TiO₂ 表面的 F⁻[1]、SO₄²⁻[2]、PO₄³⁻[3] 对 TiO₂ 的光催化活性有很大影响，这种修饰方法简单，成本低。其中表面氟化 TiO₂（F-TiO₂）具有很高的催化活性，主要是因为吸附在 TiO₂ 表面的 F⁻ 能够降低其表面产生的光生电子-空穴对的复合概率，而且产生的羟基自由基（·OH）相对于纯 TiO₂ 产生的羟基自由基具有更高的催化活性[4]。

为了制备 TiO₂ 和石墨烯之间有较强结合力的复合光催化剂，以及更进一步提高复合光催化剂的光催化活性，本章以 TiCl₄、HF 和自制的 GO 为原料，采用一步水热法合成了表面氟化 TiO₂/RGO 三元复合光催化剂，利用 TEM、XRD、Raman 光谱和 XPS 对复合光催化剂进行了结构和形貌的表征。研究了 RGO 物质的量、HF 与 TiCl₄ 的物质的量之比等制备条件对双酚 A 吸附/光催化降解去除率的影响。研究了双酚 A 初始浓度、溶液 pH、催化剂浓度等因素对双酚 A 降解速率常数的影响。重点研究了 HF 在材料合成过程的作用和协同 RGO 提高 TiO₂ 催化活性的机理。并研究了三元复合光催化剂通过吸附和光催化降解协同去除水中双酚 A。

6.2　实验部分

表面氟化 TiO₂/RGO 光催化剂的制备：本章以 TiCl₄、HF 和自制的 GO（参见第 5 章 5.2.1 节）为原料，采用一步水热法合成了表面氟化 TiO₂/RGO 三元复合光催化剂，命名为 F-TiO₂-RGO。TiCl₄ 水解时钛源和水的比例参照文献 [5]，并对其报道的制备方法进行了改进。以含 10% RGO 的 F-TiO₂-RGO 复合光催化剂为例，说明其具体的制备过程：准确移取一定量的 2 mg/mL GO 水溶液于聚四氟乙烯烧杯中，加入 30 mL 超纯水，超声 15 min，置于冰浴中搅拌 15 min，在剧烈搅拌

下缓慢加入 6 mL TiCl₄（1.46 mol/L），产生白色浑浊液，再加入 0.38 mL HF（HF
与 TiCl₄ 的物质的量之比为 1∶1），白色沉淀消失，在冰浴下继续搅拌 1.5 h 后，将
溶液转移入内衬为聚四氟乙烯的高温高压反应釜中，180 ℃水热反应 8 h，自然冷
却至室温，离心过滤，用水洗涤至中性，50 ℃真空干燥 12 h，即得黑色的表面氟
化 TiO₂/RGO 纳米复合光催化剂，该复合光催化剂命名为 F-TiO₂-10RGO。实验过
程中可通过调节反应液中 GO 和 TiO₂ 的质量比，制得 RGO 质量分数为 1.0%、
2.0%、5.0%、10.0%、15.0% 和 20.0% 的 F-TiO₂-RGO 的复合光催化剂，分别
命名为 F-TiO₂-1RGO、F-TiO₂-2RGO、F-TiO₂-5RGO、F-TiO₂-10RGO、F-TiO₂-
15RGO 和 F-TiO₂-20RGO。同样可通过加入不同物质的量的 HF 来调节 HF 与
TiO₂ 的物质的量之比，使其分别为 1∶2、1∶1、2∶1 和 3∶1。为了评价制备的复
合光催化剂的性能，在实验制备过程中不加 HF/GO、GO 和 HF，可分别制得
TiO₂、F-TiO₂ 和 TiO₂-10RGO 等对照材料。另外为了研究 F⁻ 在复合光催化剂光催
化降解双酚 A 时的作用，利用 NaOH 溶液洗涤法去除 F-TiO₂-10RGO 复合光催化
剂中的 F⁻ 制得脱氟 TiO₂/RGO（命名为 D-TiO₂-10RGO），具体脱氟过程为 0.1 g F-
TiO₂-10RGO 复合光催化剂中加入 25 mL 0.1 mol/L NaOH 溶液，搅拌 8 h，离心过
滤，分别用 0.1 mol/L HCl 和水洗涤至中性，60 ℃真空干燥 12 h[6]。

6.3　结果与讨论

6.3.1　材料的表征与分析

1. 形貌分析

　　材料的微观结构和表面形貌在很大程度上影响材料的光催化活性，为了观察制
备的复合光催化剂的表面形貌和微观结构，利用 TEM 对自制的 GO 和表面氟化
TiO₂/RGO 复合光催化剂（F-TiO₂-10RGO）进行表征，结果如图 6.1 所示。从图可知，
1000 目的 GO 具有明显的片层结构、透明薄纱状，表面有很多起伏和褶皱 [图 6.1(a)]，
这与第 5 章利用 325 目制得的 GO 的形貌类似。F-TiO₂-10RGO 复合光催化剂的低
分辨 TEM 图显示 [图 6.1(b)]，形状规则的大量的 TiO₂ 纳米颗粒沉积在 RGO
上，RGO 不易观察到，但可以从其高分辨 TEM 图 [图 6.1(c) 和图 6.1(d)] 中明
显地观察到 RGO 的存在，其层边清晰可见，且 30～35 nm 的 TiO₂ 纳米粒子沉积
在 RGO 上。为了研究 TiO₂ 的晶型结构和结晶性，对图 6.1(d) 中的选择的区域进
行放大，可以看到具有明显晶格条纹的 TiO₂ 存在，说明生成的 TiO₂ 晶型较好，
且晶格间距为 0.35 nm，与锐钛矿型 TiO₂ 的（101）晶面间距一致[7]，同样可以
从选区电子衍射（selected area electron diffraction，SAED）图片 [图 6.1(f)] 中
证实属于锐钛型 TiO₂，说明制备的 F-TiO₂-10RGO 复合光催化剂中的 TiO₂ 为锐

钛型。

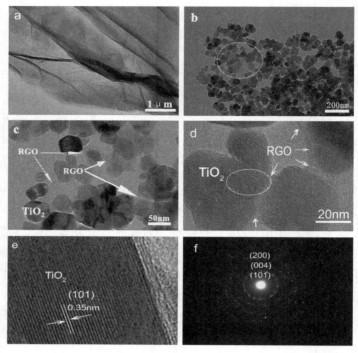

图 6.1　GO（a）、F-TiO$_2$-10RGO 的低分辨 TEM 图（b）和高分辨 TEM 图（c 和 d）以及图 6.1(d) 选择的圆形区域的放大图（e）和 SAED 图（f）

2. XRD 分析

　　为了研究复合光催化剂的晶相组成和结构，以及 HF 在复合光催化剂制备过程中对 TiO$_2$ 晶相的影响，利用 XRD 对 GO、RGO、TiO$_2$（制备过程不添加 HF 和 GO）、F-TiO$_2$ 制备过程中不加 GO）、TiO$_2$/RGO 复合光催化剂（TiO$_2$-10RGO，制备过程不加 HF）和 F-TiO$_2$-RGO 复合光催化剂（F-TiO$_2$-10RGO）进行表征，结果如图 6.2 所示。由图可知，GO 在 $2\theta=10.8°$ 处出现了一个峰形尖锐、强度较高的特征峰，对应于氧化石墨的（001）晶面，晶面间距约 0.7 nm，较石墨的晶面间距 0.34 nm 有明显增大，这是由于 GO 片层间含有大量含氧官能团导致[8]。经水热还原后，$2\theta=10.8°$ 的衍射峰消失，但在 $2\theta=24.5°$ 出现了一个新的特征峰，说明氧化石墨已经被还原成 RGO[9]。F-TiO$_2$-10RGO 纳米复合光催化剂的主要衍射峰位于 25.3°、37.9°、48.0°、54.4°、56.6° 和 62.8°，分别对应于锐钛矿型的（101）、（004）、（200）、（105）、（211）和（204）晶面，且并未观察到金红石型 TiO$_2$ 的衍射峰存在，表明 F-TiO$_2$-10RGO 复合光催化剂中的 TiO$_2$ 属于纯锐钛矿型，且衍射峰的峰型较窄、峰强度较大，表明其结晶度很好。TiO$_2$-10RGO 复合光催化剂的主要衍射峰位于 27.4°、36.1°、41.3°、54.5° 和 56.7°，分别对应于金红石型 TiO$_2$ 的

（110）、（101）、（111）、（211）和（220）晶面，且未观察到锐钛矿型 TiO₂ 的衍射峰存在，表明该复合光催化剂中的 TiO₂ 为纯金红石型 TiO₂。除此之外，F-TiO₂-10RGO 和 TiO₂-10RGO 的 XRD 图中均未检测到 RGO 的衍射峰，主要原因可能是复合光催化剂中 RGO 的质量分数较小（只有 10％），且相对于 TiO₂ 的衍射峰的强度，RGO 的衍射峰太弱[10]。也有文献报道 RGO 衍射峰的消失有可能是在 GO 被还原成 RGO 的过程中，其二维层次结构长程有序性在水热还原时被破坏造成[11]。另外，通过对照 TiO₂ 和 F-TiO₂ 两种催化剂的 XRD 衍射峰可知，TiO₂ 和 F-TiO₂ 光催化剂的晶型分别为纯金红石相和纯锐钛矿相 TiO₂。这些结果表明，在冰浴条件下，制备过程中加入的 HF 阻止了 TiO₂ 从锐钛矿相转变成金红石相。这主要是因为 F⁻ 吸附在锐钛矿相 TiO₂ 的表面后，通过空间位阻的作用，阻止了金红石相 TiO₂ 的形成。相似的研究结果与文献报道一致[12~15]。另外，从实验现象中观察到，在实验过程中不加 HF 时，TiCl₄ 剧烈水解产生悬浮白色 TiO₂ 颗粒，而加入了 HF 后，悬浮颗粒消失，得到透明溶液，这一现象说明加入的 HF 在制备复合光催化剂的过程中起到调节剂的作用，以式（6.1）和式（6.2）的形式使 TiO₂ 的形成过程发生了改变[16,17]：

$$4H^+ + TiO_2 + 6F^- \longrightarrow TiF_6^{2-} + 2H_2O \quad TiO_2 \text{ 的溶解} \tag{6.1}$$

$$TiF_6^{2-} + 2H_2O \longrightarrow 4H^+ + TiO_2 + 6F^- \quad TiO_2 \text{ 的重新生成} \tag{6.2}$$

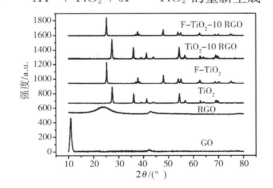

图 6.2　GO、RGO、TiO₂、F-TiO₂、TiO₂-10RGO 和 F-TiO₂-10RGO 的 XRD 图

为了进一步研究 RGO 质量分数的变化对 F-TiO₂-10RGO 纳米复合光催化剂晶型和衍射峰强度的影响，用 XRD 对 F-TiO₂-2RGO、F-TiO₂-5RGO 和 F-TiO₂-10RGO 纳米复合光催化剂进行表征，结果如图 6.3 所示。从图可知，F-TiO₂-2RGO、F-TiO₂-5RGO 和 F-TiO₂-10RGO 三种复合光催化剂的 XRD 图相似，其中的 TiO₂ 均属于纯锐钛矿。但随着 RGO 的质量分数从 2.0％增加至 10.0％，在 2θ = 25.3°的主要衍射峰的强度逐渐减弱，主要原因是复合光催化剂中的黑色 RGO 对光具有屏蔽作用[13]。

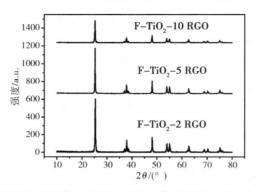

图 6.3　F-TiO$_2$-2RGO、F-TiO$_2$-5RGO 和 F-TiO$_2$-10RGO 的 XRD 图

3. Raman 分析

Raman 光谱是用来表征石墨烯基复合光催化剂结构信息的常用方法，其 Raman 光谱中的 G 带（1605 cm^{-1}）属于 sp^2 杂化 C=C 峰，而 D 带（1348 cm^{-1}）属于 sp^3 杂化 C—C 键峰，D/G 的峰强比可用于表征 GO 被还原为 RGO 时 sp^3 杂化向 sp^2 杂化的转变程度。为了研究 F-TiO$_2$-10RGO 复合光催化剂的结构和电子特征，在 523 nm 波长光的激发下，GO 和 F-TiO$_2$-10RGO 的 Raman 光谱如图 6.4 所示。由图可知，相对于 GO 的 Raman 光谱，F-TiO$_2$-10RGO 复合光催化剂的 Raman 光谱在波数为 148 cm^{-1}、396 cm^{-1}、519 cm^{-1} 和 639 cm^{-1} 处出现 4 个峰，归属于锐钛矿型 TiO$_2$[18]。另外，GO 和 F-TiO$_2$-10RGO 复合光催化剂在波数为 1605 cm^{-1} 和 1348 cm^{-1} 出现 2 个峰，其中 1605 cm^{-1} 属于 G 带，是 sp^2 杂化 C=C 的振动峰，1348 cm^{-1} 属于 D 带，是 sp^3 杂化 C—C 键的振动峰[19]。GO 和 F-TiO$_2$-10RGO 的强度比值 $I_{D/G}$ 分别为 0.96 和 0.73，相对于氧化石墨的 $I_{D/G}$（0.96），F-TiO$_2$-10RGO 的 $I_{D/G}$（0.73）减少，这说明水热反应可把 GO 还原为 RGO，部分恢复了石墨烯的 sp^2 骨架，这与 Zhang 课题组[5]的研究结果相一致。另外也可以从实验现象中观察到通过水热反应后，棕黄色的 GO 反应液变黑，说明棕黄色的 GO 已经被还原为黑色的 RGO。

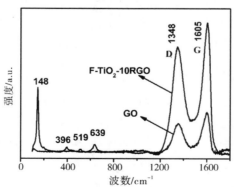

图 6.4　GO 和 F-TiO$_2$-10RGO 复合光催化剂的 Raman 光谱图

4. XPS 分析

为了进一步研究复合光催化剂中的元素组成、化学态以及通过水热反应后 GO 的还原程度，利用 XPS 对 GO 和 F-TiO₂-10RGO 进行测试和分析，结果如图 6.5 所示。F-TiO₂-10RGO 复合光催化剂的全谱图 [图 6.5(a)] 显示结合能为 284.8 eV、530.1 eV、458.8 eV. 464.5 eV 和 685.0 eV 位置有明显的信号，分别归属于 C、Ti、O 和 F 四种元素，说明复合光催化剂中含有 C、Ti、O 和 F 四种元素。图 6.5(b) 为 GO 和 F-TiO₂-10RGO 复合光催化剂中 C1s 的 XPS 比较图，由图可知，GO 和 F-TiO₂-10RGO 在结合能约为 284.8 eV 和 287.3 eV 处均出现特征峰，分别归属于 C—C/C=C/C—H 键和 C—O/C=O/C(O)O 键。通过对比可以看出，GO 和 F-TiO₂-10RGO 在结合能为 284.8 eV 处的峰强较为接近，但结合能为 287.3 eV 处，GO 的特征峰很强，而 F-TiO₂-10RGO 的特征峰很弱，这说明 GO 含有大量的含氧基团，而通过水热反应后，GO 中的大量含氧基团已经被还原为 RGO。为了进一步弄清楚水热反应后 GO 被还原的程度以及复合光催化剂中 C1s 的化学态，对 GO 和 F-TiO₂-10RGO 中的 C1s 峰进行拟合，结果如图 6.5(c)、图 6.5(d) 所示。GO 的 C1s 在结合能位于 284.48 eV、285.37 eV、287.23 eV 和 288.98eV 拟合出 4 个峰，分别归属于 C—C/C=C/H—C 、C—OH 、C=O 和 C(O)O[20]。而 F-TiO₂-10RGO 的 C1s 在结合能位于 283.46 eV、284.71 eV、285.79 eV、287.22 eV 和 288.87eV 拟合出 5 个峰。其中结合能为 284.71 eV、285.79 eV、287.22 eV 和 288.87 eV 的峰分别属于 C—C/C=C/H—C、C—OH 、C=O 和 C(O)O，结合能为 283.4 eV，属于 C—Ti 键[21]，说明 F-TiO₂-10RGO 复合光催化剂中 TiO₂ 与 RGO 之间存在很强的相互作用。另外，通过对比 GO 和 F-TiO₂-10RGO 中 C1s 的拟合结果，可以看出通过水热反应后 C=O 峰的强度明显减弱，而 C(O)O 和 C—OH 的峰也有不同程度的下降。为了准确研究 GO 被还原为石墨烯的程度，分别计算了 GO 和 F-TiO₂-10RGO 两种材料中 C—OH 、C=O 和 C(O)O 等含氧基团的峰面积与总碳的峰面积之比，然后再求出含氧基团的还原程度，结果如表 6.1 所示。GO 中含氧基团的比例为 78.38%，而通过水热反应后 F-TiO₂-10RGO 复合材料中含氧官能团的比例为 41.78%，还原比例为 36.6%，说明水热反应可以把一部分 GO 还原为石墨烯。

图 6.5(e) 为 F-TiO₂-10RGO 复合光催化剂的 Ti 2p 的 XPS 拟合结果图，结合能位于 457.96 eV 和 463.65 eV，分别归属于 Ti (2p3/2) 和 Ti (2p1/2)，属于典型的纯锐钛 TiO₂ 的 Ti (IV)。图 4.5(f) 为 F-TiO₂-10RGO 中 F1s 的 XPS 拟合图，由图可知，只有一个结合能位于 685 eV 的拟合峰，这个峰归属于吸附在 TiO₂-

10RGO 表面的 F$^-$，说明 F$^-$ 可与 TiO$_2$ 表面羟基发生离子交换生成稳定的 $\equiv$Ti—F[7,22]。而图中未出现结合能为 688.5 eV 的特征峰，说明 F$^-$ 未能取代 TiO$_2$ 晶体中的氧位点，产生 F 掺杂 TiO$_2$，主要原因可能是水热反应环境可以通过溶解-重结晶的方式加速 TiO$_2$ 晶相的生成，减少晶格缺陷而阻止 F$^-$ 取代 TiO$_2$ 晶格中的 O 原子[23]。另外，为了研究通过碱洗涤的方式去除 F-TiO$_2$-10RGO 中的 F$^-$，对 F-TiO$_2$-10RGO 和 D-TiO$_2$-10RGO 中 F$^-$ 元素的质量进行 XPS 测定，测试结果为 F-TiO$_2$-10RGO 和 D-TiO$_2$-10RGO 中的表面氟元素分别为 0.9% 和 0.08%，说明通过碱处理可以有效去除吸附在复合光催化剂中的 F$^-$[24]。

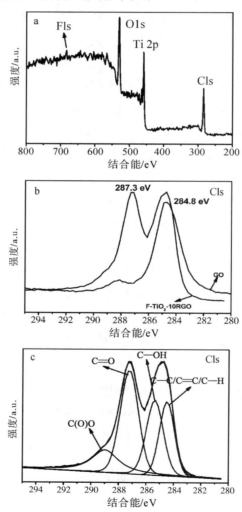

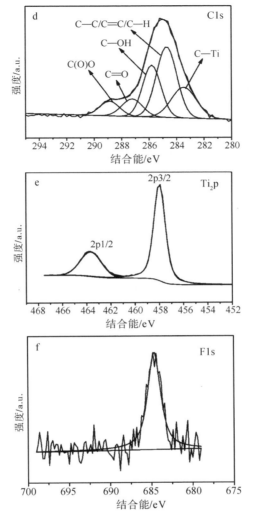

图 6.5　F-TiO₂-10RGO 的 XPS 全谱图（a），GO 和 F-TiO₂-10RGO 的 Cls 比较图（b），
GO（c）和 F-TiO₂-10RGO（d）的 C1s 分峰拟合结果图以及 F-TiO₂-10RGO 的 Ti 2p（e）
和 F1s（f）的分峰拟合结果图

表 6.1　GO 和 F-TiO₂-RGO 中含氧碳与总碳的峰面积比以及含氧基团的还原比率

材料	$A_{C(O)O}/{}^cA_C$	$A_{C=O}/{}^cA_C$	$A_{C-O-H}/{}^cA_C$	$A_{C-Ti}/{}^cA_C$	$A_{CC}^a/{}^cA_C$	$^bA_{CO}/{}^cA_C$
GO	0.1524	0.4083	0.2230	—	0.2161	0.7838
F-TiO₂-RGO	0.0738	0.0903	0.2536	0.1959	0.3862	0.4178
还原比率/%			36.60			

a：$A_{CC}=A_{C-C}+A_{C=C}+A_{C-H}$　　b：$A_{CO}=A_{C(O)O}+A_{C=O}+A_{C-O-H}$　　c：$A_C=A_{C(O)O}+A_{C=O}+A_{C-O-H}+A_{C-C}+A_{C=C}+A_{C-H}+A_{C-Ti}$

6.3.2 吸附和光催化性能研究

重点考察了 RGO 的质量分数和 HF 与 TiCl₄ 的物质的量之比等合成条件对 F-TiO₂-RGO 复合光催化剂吸附/光催化降解协同去除水中双酚 A 的影响,按第 2 章式 (2.2)、式 (2.4) 研究吸附和光催化去除率。同时优化了双酚 A 初始浓度、溶液 pH 及催化剂浓度等催化降解条件。另外,为了比较不同材料的催化活性,按第 2 章式 (2.6) 拟合实验数据,求得光催化降解双酚 A 的拟一级动力学速率常数 κ。

1. F-TiO₂-RGO 复合光催化剂合成条件对其吸附/光催化性能的影响

1) RGO 的质量分数对 F-TiO₂-RGO 复合光催化剂吸附/光催化性能的影响

为了探明 F-TiO₂-RGO 中 RGO 的质量分数对复合光催化剂的催化性能的影响,以及优化复合光催化剂中 RGO 的质量分数,研究了 RGO 的质量分数分别为 2.0%、5.0%、10.0%、15.0% 和 20.0% 的复合光催化剂对双酚 A 的吸附/光催化性能的影响。图 6.6 为不同 RGO 质量分数的 F-TiO₂-RGO 纳米复合光催化剂吸附/光催化降解双酚 A 的时间曲线和相应的拟一级降解动力学拟合线图,其中催化剂的浓度为 0.3 g/L,双酚 A 的初始浓度为 5 mg/L。表 6.2 为双酚 A 在不同 RGO 质量分数的 F-TiO₂-RGO 纳米复合光催化剂上的吸附去除率、光催化降解去除率和总的去除率。从图 6.6 (a) 可知,双酚 A 在 F-TiO₂-2RGO、F-TiO₂-5RGO、F-TiO₂-10RGO、F-TiO₂-15RGO 和 F-TiO₂-20RGO 上达到吸附平衡时间为 120 min,吸附去除率分别为 7.27%、7.90%、9.76%、13.79% 和 18.51% (表 6.2),随着 RGO 的质量分数从 2.0% 提升至 20.0%,其对双酚 A 的去除率从 7.27% 提升至 18.51%,这主要是因为复合光催化剂中的 RGO 组分对双酚 A 有较强的吸附能力,这种吸附能力主要是 RGO 与双酚 A 的苯环之间的 π-π 键,且 RGO 质量分数越高,对双酚 A 的吸附去除率越高[25]。F-TiO₂-2RGO、F-TiO₂-5RGO、F-TiO₂-10RGO、F-TiO₂-15RGO 和 F-TiO₂-20RGO 光催化降解双酚 A 的去除率分别为 21.42%、23.90%、48.74%、32.58% 和 31.92%,吸附和光催化总的去除率分别为 28.69%、31.80%、58.50%、46.37% 和 50.43%。从吸附/光催化降解协同去除双酚 A 的角度分析,复合光催化剂中最佳的 RGO 的质量分数为 10.0%,在 120 min 内,双酚 A 的总去除率达到 58.50%。为了进一步研究 RGO 质量分数对复合光催化剂催化活性的影响,运用拟一级动力学模型对光催化降解的数据进行拟合,结果如图 6.6 (b) 所示,F-TiO₂-2RGO、F-TiO₂-5RGO、F-TiO₂-10RGO、F-TiO₂-15RGO 和 F-TiO₂-20RGO 复合光催化剂对双酚 A 的拟一级降解动力学常数分别为 0.00223 min⁻¹、0.00496 min⁻¹、0.00638 min⁻¹、0.00504 min⁻¹ 和 0.00403 min⁻¹。当 RGO 的质量分数从 2.0% 增加至 10.0% 时,降解动力学常数从 0.00223 min⁻¹ 增

加至 $0.00638\ \text{min}^{-1}$，这说明适当增加 RGO 质量分数可大大提高其催化活性，然
而进一步增加 RGO 的质量分数至 15.0% 和 20.0%，降解动力学常数分别下降至
$0.00504\ \text{min}^{-1}$ 和 $0.00403\ \text{min}^{-1}$，这说明过量的 RGO 不利于光催化剂催化活性的
提高。可能的原因是过量的 RGO 会吸收光，使得 TiO₂ 对光的利用率下降，催化
活性随之下降。所以复合光催化剂中 RGO 的最优质量分数为 10.0%。

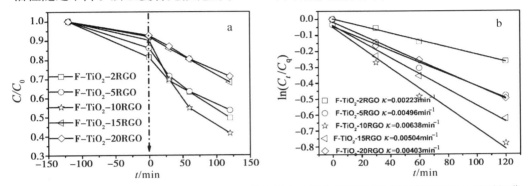

图 6.6　不同 RGO 质量分数的 F-TiO₂-RGO 纳米复合光催化剂吸附/光催化降解双酚 A 的时间曲
线（a）和相应的拟一级降解动力学拟合线（b）（0.3 g/L 催化剂量，5 mg/L 双酚 A，箭头表示
光照开始）

表 6.2　双酚 A 在含有不同质量分数 RGO 的 F-TiO₂-RGO 复合材料上的吸附去除率、

光催化降解去除率以及总的去除率

光催化剂	吸附去除率/%	光催化降解去除率/%	总的去除率/%
F-TiO₂-2RGO	7.27	21.42	28.69
F-TiO₂-5RGO	7.90	23.90	31.80
F-TiO₂-10RGO	9.76	48.74	58.50
F-TiO₂-15RGO	13.79	32.58	46.37
F-TiO₂-20RGO	18.51	31.92	50.43

　　2）HF 与 TiCl₄ 物质的量之比对 F-TiO₂-RGO 复合光催化剂吸附/光催化性能
的影响

　　为了探明 F-TiO₂-10RGO 中 F⁻ 的物质的量浓度对复合光催化剂的吸附/光催化
性能的影响，以及优化制备过程中 HF 与 TiCl₄ 的物质的量之比，研究了 HF 与
TiCl₄ 物质的量之比分别为 1∶2、1∶1、2∶1 和 3∶1 制得的 F-TiO₂-10RGO 纳米
复合光催化剂吸附/光催化降解双酚 A。图 6.7 为不同 HF 和 TiCl₄ 物质的量之比条
件下制得的 F-TiO₂-10RGO 纳米复合光催化剂吸附/光催化降解双酚 A 的时间曲线
和相应的拟一级降解动力学拟合结果图，光催化降解实验条件为 0.3 g/L 催化剂，
5 mg/L 双酚 A。表 6.3 为相应的吸附去除率、光催化降解去除率和总的去除率。

从图 6.7(a) 和表 6.3 可知, 双酚 A 在 HF 和 TiCl$_4$ 的物质的量之比为 1：2、1：1、2：1 和 3：1 时制备的 F-TiO$_2$-10RGO 吸附去除率分别为 13.47％、13.06％、10.57％和 9.64％, 当 HF 和 TiCl$_4$ 的物质的量之比为 1：2 和 1：1 时, 吸附去除率接近, 但 HF 和 TiCl$_4$ 的物质的量之比增加至 2：1 和 3：1 时, 吸附去除率逐渐降低。主要原因可能是当物质的量之比增加至 2：1 和 3：1 时, 过量的 F$^-$ 会吸附在复合光催化剂中的 RGO 上, 占据了复合光催化剂中的部分吸附位点, 从而减少其对双酚 A 的吸附去除率。在 HF 和 TiCl$_4$ 的物质的量之比为 1：2、1：1、2：1 和 3：1 时制备的 F-TiO$_2$-10RGO 复合光催化剂光催化降解双酚 A 的去除率分别为 36.88％、43.83％、21.14％和 23.31％。吸附和光催化降解总的去除率分别为 50.35％、56.89％、31.71％和 32.95％。从吸附/光催化降解协同去除双酚 A 的角度分析, 制备复合光催化剂时 HF 和 TiCl$_4$ 的最佳物质的量之比为 1：1, 在 120 min 内, 双酚 A 的总去除率达到 56.89％。为了进一步研究 HF 和 TiCl$_4$ 的物质的量之比对复合光催化剂催化活性的影响, 运用拟一级动力学模型对催化降解数据进行拟合, 结果如图 6.7(b) 所示, HF 和 TiCl$_4$ 的物质的量之比为 1：2、1：1、2：1 和 3：1 时制备的 F-TiO$_2$-10RGO 对双酚 A 的拟一级降解动力学常数分别为 0.00484 min^{-1}、0.00640 min^{-1}、0.00212 min^{-1} 和 0.00242 min^{-1}。当 HF 和 TiCl$_4$ 的物质的量之比从 1：2 增加至 1：1 时, 降解动力学常数从 0.00484 min^{-1} 增加至 0.00640 min^{-1}, 进一步增加 HF 和 TiCl$_4$ 的物质的量之比至 2：1 和 3：1 时, 降解动力学常数急剧下降, 说明在材料的制备过程中 HF 和 TiCl$_4$ 的物质的量之比对其催化活性影响很大, 最优的物质的量之比为 1：1。

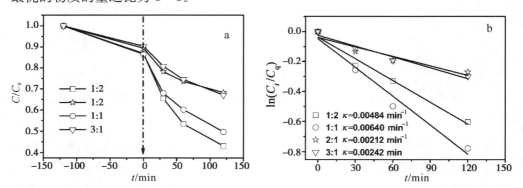

图 6.7　不同 HF 和 TiCl$_4$ 的物质的量之比 (1：2、1：1、2：1 和 3：1) 条件下制备的 F-TiO$_2$-10RGO 纳米复合光催化剂吸附/光催化降解双酚 A 的时间曲线 (a) 和相应的拟一级降解动力学拟合线 (b) (0.3 g/L 催化剂量, 5 mg/L双酚 A, 箭头表示光照开始)

表 6.3　不同 HF 和 $TiCl_4$ 的物质的量之比（1∶2、1∶1、2∶1 和 3∶1）条件下制备的
F-TiO_2-10RGO 纳米复合光催化剂对双酚 A 的吸附去除率、光催化降解去除率以及总的去除率

光催化剂	吸附去除率/%	光催化降解去除率/%	总的去除率/%
1∶2	13.47	36.88	50.35
1∶1	13.06	43.83	56.89
2∶1	10.57	21.14	31.71
3∶1	9.64	23.31	32.95

2. 吸附/光催化降解双酚 A 条件影响

1）双酚 A 初始浓度对 F-TiO_2-10RGO 吸附/光催化性能影响

图 6.8 为不同双酚 A 初始浓度（催化剂浓度为 0.3 g/L）的吸附/光催化降解时间曲线和相应的拟一级降解动力学拟合线。表 6.4 为不同双酚 A 初始浓度在 F-TiO_2-10RGO 复合光催化剂上的吸附去除率、光催化去除率和总的去除率。从图 6.8(a) 和表 6.4 可知，F-TiO_2-10RGO 对 5 mg/L、10 mg/L、15 mg/L、20 mg/L 和 50 mg/L 双酚 A 的吸附去除率分别为 9.75%、10.71%、9.77%、9.16% 和 6.34%。随着双酚 A 初始浓度的增加，吸附去除率先升高后下降。当双酚 A 的初始浓度从 5 mg/L 增加至 10 mg/L 时，吸附去除率从 9.75% 增加至 10.71%，继续增加双酚 A 的初始浓度至 50 mg/L 时，吸附去除率逐渐减小至 6.34%，主要原因是在复合催化剂的浓度固定的情况下，其吸附位点固定，而双酚 A 初始浓度逐渐增大，吸附去除率必然减少，但总的吸附量逐渐升高。F-TiO_2-10RGO 复合光催化剂光催化降解 5 mg/L、10 mg/L、15 mg/L、20 mg/L 和 50 mg/L 双酚 A 的去除率分别为 48.74%、34.11%、21.12%、17.85% 和 8.22%。吸附和光催化降解总的去除率分别为 58.49%、44.82%、30.89%、27.01% 和 14.56%。为了进一步研究双酚 A 不同初始浓度对 F-TiO_2-10RGO 光催化降解速率的影响，运用拟一级动力学模型对催化降解数据进行拟合，结果如图 6.8(b)。5 mg/L、10 mg/L、15 mg/L、20 mg/L 和 50 mg/L 双酚 A 的光催化降解动力学常数分别为 0.0064 min^{-1}、0.0040 min^{-1}、0.00214 min^{-1}、0.00178 min^{-1} 和 0.0007798 min^{-1}。双酚 A 的初始浓度从 5 mg/L 增加至 15 mg/L，速率常数从 0.0064 min^{-1} 逐渐下降至 0.00214 min^{-1}，当双酚 A 初始浓度从 15 mg/L 增加至 50 mg/L 时，光催化降解速率急剧下降。光催化降解速率常数是由水相中双酚 A 迁移至催化剂表面的速率决定的，在催化剂浓度固定的情况下，催化剂的比表面积固定，可利用的吸附/光催化降解位点固定，当双酚 A 的浓度较低时，复合光催化剂中的 RGO 可快速吸附溶液相中的双酚 A，使溶液相中的双酚 A 快速迁移至复合催化剂的活性位点而被快速降解，当双酚 A 的浓度增加至一定程度后，因为复合催化剂表面的吸附位点已经完全被占据，液相中的双酚

A 无法迁移至催化剂表面而被光催化降解，所以催化降解速率会逐渐下降，这一结论与文献研究[26]结果一致。

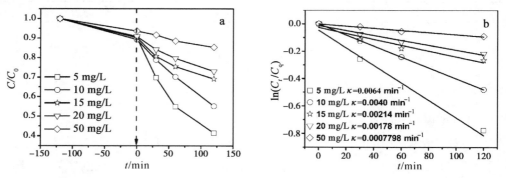

图 6.8　F-TiO$_2$-10RGO 吸附/光催化降解不同初始浓度双酚 A（5 mg/L、10 mg/L、15 mg/L、20 mg/L 和 50 mg/L）的时间曲线（a）和相应的拟一级降解动力学拟合线（b）（0.3 g/L 催化剂，箭头表示光照开始）

表 6.4　不同初始浓度双酚 A 在 F-TiO$_2$-10RGO 复合材料上的吸附去除率、光催化降解去除率以及总的去除率

双酚 A 的初始浓度/（mg/L）	吸附去除率/%	光催化降解去除率/%	总的去除率/%
5	9.75	48.74	58.49
10	10.71	34.11	44.82
15	9.77	21.12	30.89
20	9.16	17.85	27.01
50	6.34	8.22	14.56

2）溶液 pH 对 F-TiO$_2$-10RGO 吸附/光催化性能的影响

溶液 pH 会影响催化剂的表面性质和目标污染物的存在形式，从而影响催化剂对目标污染物的吸附速率和光催化降解速率。图 6.9 为溶液不同 pH 下的 F-TiO$_2$-10RGO 吸附/光催化降解双酚 A 的时间曲线和相应的拟一级降解动力学拟合图（初始浓度为 5 mg/L，催化剂浓度为 0.3 g/L）。实验过程中用 0.1 mol/L 的 NaOH 和 HCl 调节溶液 pH，且用酸度计进行准确测定。表 6.5 为不同 pH 条件下，F-TiO$_2$-10RGO 复合光催化剂对双酚 A 的吸附去除率、光催化降解去除率和总的去除率。从图 6.9(a) 和表 6.5 可知，溶液 pH 为 3.0、5.0、7.0、9.0 和 11.0 时，吸附去除率分别为 14.09%、15.03%、12.23%、12.22%和 6.41%。说明 pH 在 3.0～9.0 范围内，吸附去除率变化不大，而 pH 增加至 11.0 时，吸附去除率明显减少，这个现象可以解释为 F-TiO$_2$-10RGO 复合光催化剂中的 RGO 在整个 pH 范围内显负电，而双酚 A 在 pH＞9.0 时主要以双负离子的形式存在，所以 RGO 和双酚

A 之间有较强的静电排斥力存在，必然会导致其吸附去除率变小[25]。F-TiO₂-
10RGO 复合光催化剂在 pH 为 3.0、5.0、7.0、9.0 和 11.0 时，对 5 mg/L 双酚 A
的光催化降解去除率分别为 48.43%、48.12%、43.78%、41.91% 和 33.64%。吸
附和光催化降解总的去除率分别为 62.52%、63.15%、56.01%、54.13% 和
40.05%。为了进一步研究溶液 pH 对双酚 A 光催化降解速率常数的影响，光催化
降解数据拟合结果如图 6.9(b) 所示，溶液 pH 为 3.0、5.0、7.0、9.0 和 11.0 时，
光催化降解速率常数分别为 0.00683 min⁻¹、0.00686 min⁻¹、0.00564 min⁻¹、
0.00534 min⁻¹ 和 0.00372 min⁻¹。从结果可知，当 pH 为 3.0 和 5.0 时，光催化降
解速率常数值相近，而 pH 从 5.0 增大至 9.0 时，光催化降解速率略有下降，pH
进一步增大至 11.0 时，光催化降解速率下降明显。光催化降解速率常数减小的主
要原因也是带负电的 RGO 与双酚 A 双负离子之间的静电排斥作用。因为 5 mg/L
的双酚 A 溶液本身的 pH 接近 5.3，所以后续的实验均不调 pH。

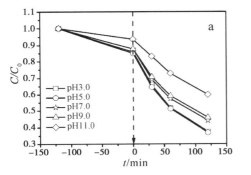 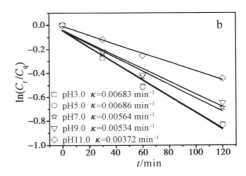

图 6.9　不同 pH 下的 F-TiO₂-10RGO 吸附/光催化降解双酚 A 的时间曲线（a）和相应的拟一级
　　　　降解动力学拟合线（b）（0.3 g/L 催化剂，5 mg/L 双酚 A，箭头表示光照开始）

表 6.5　不同 pH 条件下双酚 A 在 F-TiO₂-RGO 复合材料上的吸附去除率、光催化降解去除率以及总的去除率

pH	吸附去除率/%	光催化降解去除率/%	总的去除率/%
3.0	14.09	48.43	62.52
5.0	15.03	48.12	63.15
7.0	12.23	43.78	56.01
9.0	12.22	41.91	54.13
11.0	6.41	33.64	40.05

3）催化剂浓度对 F-TiO₂-10RGO 吸附/光催化性能的影响

不同光催化剂浓度吸附/光催化降解双酚 A 的时间曲线及光催化降解拟合结合
如图 6.10 所示，光催化降解的实验条件为 F-TiO₂-10RGO 复合光催化剂的浓度分
别为 0.1 g/L、0.3 g/L、0.5 g/L、1.0 g/L 和 2.0 g/L，双酚 A 的初始浓度为

5 mg/L，pH 5.3。表 6.6 为不同催化剂浓度条件下，F-TiO$_2$-10RGO 复合光催化剂对双酚 A 的吸附去除率、光催化降解去除率和总的去除率。从图 6.10（a）和表 6.6 可知，F-TiO$_2$-10RGO 复合光催化剂的浓度为 0.1 g/L、0.3 g/L、0.5 g/L、1.0 g/L 和 2.0 g/L 时，吸附去除率分别为 7.46%、13.37%、14.30%、21.76% 和 30.93%，随着催化剂浓度的增高，吸附去除率逐渐升高，主要是因为在双酚 A 浓度固定的情况下，复合光催化剂浓度增高，对双酚 A 有很强吸附能力的 RGO 的质量分数也会增加，吸附去除率必然增加。F-TiO$_2$-10RGO 复合光催化剂浓度为 0.1 g/L、0.3 g/L、0.5 g/L、1.0 g/L 和 2.0 g/L 时，对 5 mg/L 双酚 A 的光催化降解去除率分别为 38.55%、46.94%、57.20%、65.90% 和 24.33%。吸附和光催化降解总的去除率分别为 46.01%、60.31%、71.50%、87.66% 和 55.26%。从吸附/光催化降解协同去除双酚 A 的角度分析，F-TiO$_2$-10RGO 复合光催化剂的浓度为 1.0 g/L 时，双酚 A 的总去除率达到 87.66%。从图 6.10（b）可知，F-TiO$_2$-10RGO 复合光催化剂的浓度为 0.1 g/L、0.3 g/L、0.5 g/L、1.0 g/L 和 2.0 g/L 时，动力学常数分别为 0.00448 min^{-1}、0.00639 min^{-1}、0.00911 min^{-1}、0.01501 min^{-1} 和 0.00355 min^{-1}。随着催化剂浓度从 0.1 g/L 增加至 1.0 g/L 时，相应的光催化降解动力学常数从 0.00448 min^{-1} 增大至 0.01501 min^{-1}，进一步增加催化剂浓度至 2.0 g/L 时，其降解动力学常数反而减小至 0.00355 min^{-1}。主要原因可能是随着催化剂浓度的增高，催化剂的活性位点数也在增多，溶液相中的双酚 A 与催化剂中的 RGO 的结合位点增加，双酚 A 从溶液相迁移至催化剂表面的速率相应地增大，从而加快其光催化降解速率，而催化剂浓度增加至一定程度后，进一步增加催化剂的浓度，过量的复合光催化剂中黑色的 RGO 会大量吸附紫外光，使光的利用率急剧下降，光催化降解速率降低。综合吸附和光催化降低的因素，最优的催化剂浓度为 1.0 g/L。

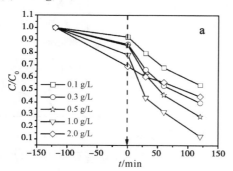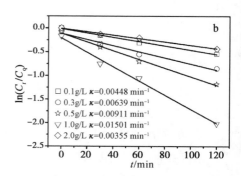

图 6.10　不同催化剂浓度的 F-TiO$_2$-10RGO 光催化降解双酚 A 的时间曲线（a）和相应的拟一级降解动力学拟合线（b）（5 mg/L 双酚 A，pH 5.3，箭头表示光照开始）

**表 6.6　不同催化剂浓度条件下双酚 A 在 $F\text{-}TiO_2\text{-}RGO$ 复合材料上
的吸附去除率、光催化降解去除率以及总的去除率**

催化剂浓度/（g/L）	吸附去除率/%	光催化降解去除率/%	总的去除率/%
0.1	7.46	38.55	46.01
0.3	13.37	46.94	60.31
0.5	14.30	57.20	71.50
1.0	21.76	65.90	87.66
2.0	30.93	24.33	55.26

3. 不同催化剂的催化性能比较

为了研究复合光催化剂中的 RGO 和 F^- 对 $F\text{-}TiO_2\text{-}10RGO$ 光催化性能的影响，以及评价复合光催化剂的光催化活性，在最优的降解条件下，利用 TiO_2、$F\text{-}TiO_2$、P25、$F\text{-}TiO_2\text{-}10RGO$ 和 $D\text{-}TiO_2\text{-}10RGO$ 光催化剂吸附/光催化降解水中的双酚 A。最优的光催化降解条件为 1 g/L 的催化剂浓度，双酚 A 的初始浓度为 5 mg/L，溶液初始 pH 为 5.3，其中根据实验的结果和文献报道，利用 P25 光催化降解双酚 A 时的最优催化剂浓度为 0.5 g/L[27]。双酚 A 的光解、TiO_2、$F\text{-}TiO_2$、P25、$F\text{-}TiO_2\text{-}10RGO$ 和 $D\text{-}TiO_2\text{-}10RGO$ 吸附/光催化降解双酚 A 的时间曲线和动力学拟合结果如图 6.11 所示。表 6.7 为 TiO_2、$F\text{-}TiO_2$、P25、$F\text{-}TiO_2\text{-}10RGO$ 和 $D\text{-}TiO_2\text{-}10RGO$ 光催化剂对双酚 A 的吸附去除率、光催化降解去除率和总的去除率。从图 6.11 (a) 和表 6.7 可知，TiO_2、$F\text{-}TiO_2$、P25、$F\text{-}TiO_2\text{-}10RGO$ 和 $D\text{-}TiO_2\text{-}10RGO$ 对双酚 A 的吸附去除率分别为 1.04%、5.33%、1.31%、21.76% 和 15.52%。其中 TiO_2、$F\text{-}TiO_2$ 和 P25 三种催化剂的吸附去除率均较低，而 $F\text{-}TiO_2\text{-}10RGO$ 和 $D\text{-}TiO_2\text{-}10RGO$ 的吸附去除率有了大幅提高，主要原因是纯 TiO_2 表面为亲水性，而复合光催化剂中的 RGO 组分具有较好的疏水能力，通过 $\pi\text{-}\pi$ 相互作用力对双酚 A 有较好的去除能力。TiO_2、$F\text{-}TiO_2$、P25、$F\text{-}TiO_2\text{-}10RGO$ 和 $D\text{-}TiO_2\text{-}10RGO$ 光催化降解去除率分别为 18.41%、28.48%、42.85%、65.90% 和 57.33%。总的去除率分别为 19.45%、33.81%、44.16%、87.66% 和 72.85%，而光解的总的去除率只有 12.20%。图 6.11(b) 和图 6.12 分别为 TiO_2、$F\text{-}TiO_2$、P25、$F\text{-}TiO_2\text{-}10RGO$ 和 $D\text{-}TiO_2\text{-}10RGO$ 光催化降解和光解双酚 A 的降解动力学拟合图和相应的动力学常数的柱状图，由图可知，TiO_2、$F\text{-}TiO_2$、P25、$F\text{-}TiO_2\text{-}10RGO$ 和 $D\text{-}TiO_2\text{-}10RGO$ 的降解动力学常数分别为 $0.00157\ \mathrm{min}^{-1}$、$0.00287\ \mathrm{min}^{-1}$、$0.00440\ \mathrm{min}^{-1}$、$0.01501\ \mathrm{min}^{-1}$ 和 $0.00975\ \mathrm{min}^{-1}$，而光解的速率常数只有 $0.000963\ \mathrm{min}^{-1}$。在这些催化剂中，$F\text{-}TiO_2$（$0.00287\ \mathrm{min}^{-1}$）的光催化降解双酚 A 的速率常数略高于 TiO_2（$0.00157\ \mathrm{min}^{-1}$），主要原因是 TiO_2 为金红石型 TiO_2，而 $F\text{-}TiO_2$ 为锐钛矿型。当把

RGO 引入 F-TiO$_2$ 后，F-TiO$_2$-10RGO（0.0150 min^{-1}）和 D-TiO$_2$-10RGO（0.00975 min^{-1}）的催化活性大大提高，分别是 P25（0.00440 min^{-1}）的 3.41 倍和 2.22 倍，说明 RGO 与 F-TiO$_2$ 复合后，可以利用 RGO 对双酚 A 的强吸附能力，增加 F-TiO$_2$-10RGO 和 D-TiO$_2$-10RGO 表面的双酚 A 的浓度，提高双酚 A 的光催化降解速率，更为重要的是 RGO 可以通过其优异的导电能力，抑制 F-TiO$_2$ 产生的光生电子-空穴对的复合概率，从而大大提高其催化活性。另外，值得注意的一点是 F-TiO$_2$-10RGO 光催化降解双酚 A 的速率常数（0.01501 min^{-1}）要大于 D-TiO$_2$-10RGO 光催化降解双酚 A 的速率常数（0.00975 min^{-1}）。而通过对 F-TiO$_2$-10RGO 和 D-TiO$_2$-10RGO 的 XPS 测试可知 F$^-$ 质量分数分别为 0.90% 和 0.08%，且通过对 HF 与 TiCl$_4$ 物质的量之比的优化结果也可以推断出吸附在复合光催化剂表面的 F$^-$ 的质量分数对其催化降解双酚 A 的速率影响很大。主要原因可能是一部分 F$^-$ 可与 TiO$_2$ 表面羟基发生离子交换生成稳定的 ≡Ti—F 得到 F-TiO$_2$-10RGO 复合光催化剂，吸附在 TiO$_2$ 表面的 F$^-$ 能够降低 TiO$_2$ 表面产生的光生电子-空穴对的复合概率，而且产生的羟基自由基（·OH）相对于纯 TiO$_2$ 产生的羟基自由基具有更高的催化活性［式（6.3）和式（6.4）］[28,29]，吸附在 TiO$_2$ 表面的这部分 F$^-$ 可与 RGO 协同提高 TiO$_2$ 催化降解双酚 A。但当 F$^-$ 的质量分数过高以后，它可以占据 RGO 表面的部分活性位点，减少复合光催化剂对双酚 A 的吸附能力，从而降低其对双酚 A 的降解速率。

$$\equiv\text{Ti—OH} + h_{vb}^+ \longleftrightarrow \equiv\text{Ti—OH}_{ads}^{\cdot+} \tag{6.3}$$

$$\equiv\text{Ti—F} + H_2O\,(OH^-) + h_{vb}^+ \longrightarrow \equiv\text{Ti—F} + OH_{free} \tag{6.4}$$

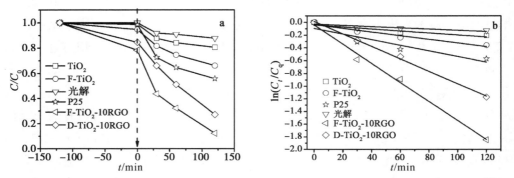

图 6.11　双酚 A 的光解及 TiO$_2$、F-TiO$_2$、P25、F-TiO$_2$-10RGO 和 D-TiO$_2$-10RGO 光催化降解双酚 A 的时间曲线（a）和相应的拟一级降解动力学拟合线（b）（5 mg/L 双酚 A，1.0 g/L 催化剂，其中 P25 的浓度为 0.5 g/L，pH 5.0，箭头表示光照开始）

表 6.7　双酚 A 在 TiO₂、F-TiO₂、P25、F-TiO₂-10RGO 和 D-TiO₂-10RGO
光催化剂上的吸附去除率、光催化降解去除率和总的去除率

催化剂	吸附去除率/%	光催化降解去除率/%	总的去除率/%
TiO₂	1.04	18.41	19.45
F-TiO₂	5.33	28.48	33.81
P25	1.31	42.85	44.16
F-TiO₂-10RGO	21.76	65.90	87.66
D-TiO₂-10RGO	15.52	57.33	72.85

光解的去除率为 12.20%

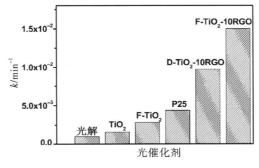

图 6.12　双酚 A 的光解及 TiO₂、F-TiO₂、P25、F-TiO₂-10RGO 和 D-TiO₂-10RGO 光催化降解双酚 A 的速率常数图（5 mg/L 双酚 A，1.0 g/L 催化剂，其中 P25 的浓度为 0.5 g/L，pH 5.0）

　　基于上面的分析和讨论，相对于 P25，F-TiO₂-10RGO 纳米复合光催化剂光催化降解双酚 A 时具有更好的吸附性能和更高的催化活性。增强的吸附能力主要因为复合光催化剂中的 RGO 组分对双酚 A 的强吸附能力。催化活性的增强一方面是因为引入的 RGO 可与双酚 A 通过较强的 π-π 相互作用力，使得水中低浓度的双酚 A 快速迁移至复合光催化剂表面，从而提高其对双酚 A 的催化活性；另一方面是因为 RGO 可对 TiO₂ 表面产生的光生电子-空穴对实现良好分离，从而提高其催化活性；更重要的是 F-TiO₂-10RGO 复合光催化剂中吸附在 TiO₂ 表面的 F⁻ 可与复合光催化剂中的 RGO 协同减少光生电子-空穴对的复合概率，从而大大提高其催化活性。

6.4　本章小结

　　（1）以 TiCl₄、HF 和自制的 GO 为原料，采用一步水热法合成了 F-TiO₂-RGO 三元复合光催化剂，并用 TEM、XRD、Raman 光谱和 XPS 对复合光催化剂进行了表征。结果表明，30～35 nm 的锐钛 TiO₂ 纳米颗粒分散在 RGO、TiO₂ 与 RGO 中能形成稳定的 Ti—C 键，而且水热反应可还原 GO 中 36.60% 的含氧基团；制备过程中加入的 HF 不仅阻止了 TiO_2 从锐钛矿相转变成金红石相，而且可以吸附于 TiO_2-RGO 复合光催化剂，且吸附在复合材料表面的 F^- 对材料的催化活性有重要影响。

（2）研究了 RGO 量、HF 与 $TiCl_4$ 的物质的量之比等制备条件对双酚 A 吸附和光催化降解速率常数的影响，优化了双酚 A 的初始浓度、溶液 pH、催化剂浓度等降解条件。结果表明最佳的制备条件为 HF 与 $TiCl_4$ 的物质的量之比为 1∶1，RGO 的质量分数为 10.0%；最优的光催化降解条件为催化剂浓度为 1.0 g/L，双酚 A 的初始浓度为 5 mg/L，溶液初始 pH 为 5.0。在最佳条件下，F-TiO_2-10RGO 吸附去除率为 21.76%，光催化降解去除率为 65.90%，总的去除率为 87.66%，而 P25 的吸附去除率为 1.31%，且其光催化降解去除率也只有 42.85%，总的去除率只有 44.16%。F-TiO_2-10RGO 催化降解双酚 A 的速率常数（0.01501 min^{-1}）是 P25（0.00440 min^{-1}）和 D-TiO_2-10RGO（0.00975 min^{-1}）的 3.41 倍和 1.54 倍。

（3）F-TiO_2-10RGO 三元纳米复合光催化剂的高催化活性一方面归因于 RGO 对双酚 A 的富集浓缩作用；另一方面是因为吸附在 TiO_2 表面的 F^- 可与 RGO 协同减小 TiO_2 表面产生光生电子-空穴对的复合概率，从而大大提高了其催化活性。

参考文献

[1] Park H，Choi W. Effects of TiO_2 surface fluorination on photocatalytic reactions and photoelectrochemical behaviors[J]. Journal of Physical Chemistry B，2004，108（13）：4086-4093.

[2] Zhao D，Chen C C，Wang Y F，et al. Surface modification of TiO_2 by phosphate：effect on photocatalytic activity and mechanism implication[J]. Journal of Physical Chemistry C，2008，112（15）：5993-6001.

[3] Samantaray S K，Mohapatra P，Parida K. Physico-chemical characterisation and photocatalytic activity of nanosized SO_4^{2-}/TiO_2 towards degradation of 4-nitrophenol[J]. Journal of Molecular Catalysis A：Chemistry，2003，198（1-2）：277-287.

[4] Yu C L，Yu J C，Chan M. Sonochemical fabrication of fluorinated mesoporous titanium dioxide microspheres[J]. Journal of Solid State Chemistry，2009，182（5）：1061-1069.

[5] Zhang X Y，Sun Y J，Cui X L，et al. A green and facile synthesis of TiO_2/graphene nanocomposites and their photocatalytic activity for hydrogen evolution[J]. International Journal of Hydrogen energy，2012，37（1）：811-815.

[6] Wu H M，Ma J Z，Li Y B，et al. Photocatalytic oxidation of gaseous ammonia over fluorinated TiO_2 with exposed（001）facets[J]. Applied Catalysis B：Environmental，2014，152-153：82-87.

[7] Liu K，Fu H G，Shi K Y，et al. Preparation of large-pore mesoporous nanocrystalline TiO_2 thin films with tailored pore diameters[J]. Journal of Physical Chemistry B 2005，109（40）：18719-18722.

[8] Stankovich S，Dikin D A，Finer R D，et al. Synthesis of graphene-based nanosheets via chemical reduction of exfoliated graphite oxide[J]. Carbon，2007，45：1558-1565.

[9] Perera S D, Mariano R G, Vu K, et al. Hydrothermal synthesis of graphene-TiO₂ nanotube composites with enhanced photocatalytic activity[J]. ACS Catalysis, 2012, 2 (6): 949-956.

[10] Sher Shah M S, Park A R, Zhang K, et al. Green synthesis of biphasic TiO₂-reduced graphene oxide nanocomposites with highly enhanced photocatalytic activity[J]. ACS Applied Materials & Interfaces, 2012, 4 (8): 3893-3901.

[11] 付丽. 石墨烯-TiO₂ 纳米管催化剂的合成及光催化性能研究[D]. 哈尔滨：哈尔滨工业大学，2013.

[12] Ren G J, Gao Y, Liu X, et al. Synthesis of high-activity F-doped TiO₂ photocatalyst via a simple one-step hydrothermal process[J]. Reaction Kinetics Mechanisms and Catalysis, 2010, 100 (2): 487-497.

[13] Yu J G, Wang W G, Cheng B, et al. Enhancement of photocatalytic activity of mesoporous TiO₂ powders by hydrothermal surface fluorination treatment[J]. Journal of Physical Chemistry C, 2009, 113 (16): 6743-6750.

[14] Yang H G, Sun C H, Qiao S Z, et al. Anatase TiO₂ single crystals with a large percentage of reactive {001} facets[J]. Nature, 2008, 453: 638-641.

[15] Yan M C, Chen F, Zhang J L, et al. Preparation of controllable crystalline titania and study on the photocatalytic properties[J]. Journal of Physical Chemistry B, 2005, 109 (18): 8673-8678.

[16] Liu G G, He F, Zhang J, et al. Yolk-shell structured Fe₃O₄@C@F-TiO₂ microspheres with surface fluorinated as recyclable visible-light driven photocatalysts[J]. Applied Catalysis B: Environmental, 2014, 150-151: 515-522.

[17] Yu J G, Xiang Q J, Ran J R, et al. One-step hydrothermal fabrication and photocatalytic activity of surface-fluorinated TiO₂ hollow microspheres and tabular anatase single micro-crystals with high-energy facets [J]. CrystEngComm, 2010, 12 (3): 872-879.

[18] Shi M, Shen J F, Ma H W, et al. Preparation of graphene-TiO₂ composite by hydrothermal method from peroxotitanium acid and its photocatalytic properties[J]. Colloid and Surfaces A: Physicochemical and Engineering Aspects, 2012, 405: 30-37.

[19] Rao R, Podila R, Tsuchikawa R, et al. Effects of layer stacking on the combination Raman modes in graphene[J]. ACS Nano, 2011, 5 (3): 1594-1599.

[20] Min Y L, Zhang K, Chen L H, et al. Sonochemical assisted synthesis of a novel TiO₂/graphene composite for solar energy conversion[J]. Synthetic Metals, 2012, 162 (9-10): 827-833.

[21] Akhavan O, Ghaderi E. Photocatalytic reduction of graphene oxide nanosheets on TiO₂ thin film for photoinactivation of bacteria in solar light irradiation[J]. Journal of Physical Chemistry C, 2009, 113 (47): 20214-20220.

[22] Park J S, Choi W. Enhanced remote photocatalytic oxidation on surface fluorinated TiO₂[J]. Langmuir, 2004, 20 (26): 11523-11527.

[23] Li J Q, Wang D F, Liu H, et al. Synthesis of fluorinated TiO₂ hollow microspheres and their photocatalytic activity under visible light[J]. Applied surface Science, 2011, 257 (13): 5879-5884.

[24] Wang Q, Chen C C, Zhao D, et al. Change of adsorption modes of dyes on fluorinated TiO₂ and its effect on photocatalytic degradation of dyes under visible irradiation[J]. Langmuir, 2008, 24 (14): 7338-7345.

［25］Xu J，Wang L，Zhu Y. Decontamination of bisphenol A from aqueous solution by graphene adsorption［J］. Langmuir，2012，28（22）：8418-8425.

［26］Tsai W T，Lee M K，Su T Y，et al. Photodegradation of bisphenol A in a batch TiO$_2$ suspension reactor［J］. Journal of Hazardous Materials，2009，168（1）：269-275.

［27］Guo C S，Ge M，Liu L，et al. Directed synthesis of mesoporous TiO$_2$ microspheres：catalysts and their photocatalysis for bisphenol A degradation［J］. Environmental Science & Technology，2010，44（2）：419-425.

［28］Pan J H，Zhang X，Du A J，et al. Self-etching reconstruction of hierarchically mesoporous F-TiO$_2$ hollow microspherical photocatalyst for concurrent membrane water purifications［J］. Journal of The American Chemical Society，2008，130（34）：11256-11257.

［29］Lv K，Xu Y. Effects of polyoxometalate and fluoride on adsorption and photocatalytic degradation of organic dye X3B on TiO$_2$：the difference in the production of reactive species［J］. Journal of Physical Chemistry B，2006，110（12）：6204-6212.

第 7 章　TiO₂/RGO 复合光催化剂的制备及其降解 EE2 的研究

7.1　引言

　　第 5 章和第 6 章制备的石墨烯基 TiO_2 复合光催化剂主要应用于双酚 A 的吸附/光催化降解去除研究,本章使用石墨烯基 TiO_2 复合光催化剂降解 EE2。主要研究内容为:采用自制的 GO 溶液(H_2O 和 C_2H_5OH 为混合溶剂),钛酸丁酯为钛源,水热反应制备 TiO_2/RGO 复合光催化剂,对其结构进行表征及分析。重点研究水热环境中 C_2H_5OH 和 H_2O 的体积比、RGO 的质量分数等制备条件以及催化剂浓度、EE2 溶液初始 pH 等反应条件对复合光催化剂去除 EE2 的影响。

7.2　实验部分

　　TiO_2/RGO 复合光催化剂的制备:参照并改进文献的制备方法[1,2],以钛酸丁酯(TBT)和自制的 GO 溶液为原料,在 C_2H_5OH 和 H_2O 的环境下,用水热法制备 TiO_2/RGO 复合光催化剂,该类复合光催化剂命名为 TiO_2/RGO。可通过调节反应液中 GO 占 GO 和 TiO_2 总的质量比例,制得 RGO 的质量分数为 4%、6%、8% 和 10% 的 TiO_2-RGO 复合光催化剂,分别命名为 TiO_2-4RGO、TiO_2-6RGO、TiO_2-8RGO 和 TiO_2-10RGO。以 TiO_2-8RGO 复合光催化剂为例,说明其具体的制备过程:准确移取 1 mL TBT,加入 10 mL 无水 C_2H_5OH 中,超声 30 min,记为 A 液。准确移取 10 mL GO(H_2O 和 C_2H_5OH 的体积比为 2:1 的混合溶剂)溶液(2 mg/mL),然后加入 20 mL H_2O 和 C_2H_5OH 的混合溶剂(V_{H_2O}:$V_{C_2H_5OH}$=2:1),超声 30 min,记为 B 液。在剧烈搅拌下,将 A 液逐滴加入 B 液中(此时混合液中 V_{H_2O}:$V_{C_2H_5OH}$ 约为 1:1),室温下搅拌 1 h,再放置 3 h 使 TBT 充分水解。然后将悬浮液转移入内衬为聚四氟乙烯的高温高压反应釜中,于 200 ℃条件下反应 15 h,自然冷却至室温,离心过滤,用水洗涤 3～5 次,60 ℃真空干燥过夜,制得黑色的 TiO_2-8RGO 复合光催化剂。采用同样的方法,分别在不加入 TBT 和 GO 的条件下,制备得到 RGO 和纯 TiO_2。

7.3　结果与讨论

7.3.1　表征与分析

1. TEM 分析

　　材料的微观结构和表面形貌在很大程度上影响材料的光催化活性,为了观察制备的复合光催化剂的形貌和结构，利用 TEM 对自制的 GO 和 TiO$_2$/RGO 复合光催化剂（TiO$_2$-8RGO）进行表征，结果如图 7.1 所示。由图可知，GO 具有薄纱式的层状结构，表面有很多起伏和褶皱 [图 7.1(a)]。从 TiO$_2$-8RGO 复合光催化剂的低分辨 TEM 图 [图 7.1(b)] 中可观察到 RGO 的存在，并且 5~10 nm 的 TiO$_2$ 纳米粒子沉积在 RGO 上。TiO$_2$-8RGO 复合光催化剂的高分辨 TEM 图如图 7.1(c)所示，从图中可以看到具有明显晶格条纹的 TiO$_2$ 存在，其晶格间距为 0.35 nm，与锐钛矿型 TiO$_2$ 的（101）晶面间距一致[3]，同样可以从其 SAED 图片 [图 7.1(d)]中得到证实属于锐钛型 TiO$_2$，说明制备的 TiO$_2$-8RGO 复合光催化剂中的 TiO$_2$ 为锐钛型。

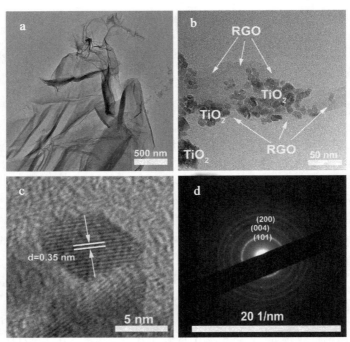

图 7.1　GO 的 TEM 图（a）、TiO$_2$-8RGO 的低分辨 TEM 图（b）、高分辨
TEM 图（c）和 SAED 图（d）

2. XRD 分析

为了研究复合光催化剂的晶相组成和结构，利用 XRD 对 GO、RGO、纯 TiO$_2$ 和 TiO$_2$-8RGO 纳米复合光催化剂进行表征，结果如图 7.2 所示。由图可知，与石墨的标准卡（JCPDSNO. 41-1487）比较可以发现，石墨在 $2\theta=26°$ 左右的（002）晶面衍射峰消失，其晶面间距只有 0.34 nm，而氧化石墨在 $2\theta=10.8°$ 处出现了一个峰形尖锐、强度较高的特征峰，对应于氧化石墨的（001）晶面，其晶面间距约 0.7 nm，相对于石墨的晶面间距，氧化石墨的晶面间距的增大主要是由于 GO 片层间含有大

量含氧官能团[4]。通过水热还原后（H₂O 和 C₂H₅OH 体积比为 1∶1），氧化石墨的衍射峰（$2\theta=10.8°$）消失，但在 $2\theta=23.7°$出现了一个新的特征衍射峰，说明氧化石墨已经被成功还原成 RGO[5]。

纯 TiO₂ 和 TiO₂-8RGO 纳米复合光催化剂的 XRD 谱图比较相似，它们的主要衍射峰有 25.2°、37.9°、47.9°、54.0°、55.2°和 62.9°，分别对应于锐钛矿型 TiO₂ 的（101）、（004）、（200）、（105）、（211）和（204）晶面，说明复合光催化剂中 TiO₂ 是纯锐钛矿晶型。另外，从复合光催化剂的 XRD 图中未观察到 RGO 的衍射峰（$2\theta=23.7°$），主要原因可能是复合光催化剂中 RGO 的质量分数较小（只有 8%），且相对于 TiO₂ 的衍射峰的强度，RGO 的衍射峰太弱，RGO 在 $2\theta=23.7°$的特征峰被 TiO₂ 在 25.2°的较强的衍射峰屏蔽[6]。

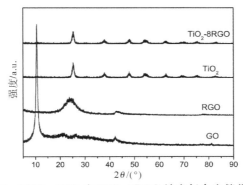

图 7.2　GO、RGO、TiO₂ 和 TiO₂-8RGO 纳米复合光催化剂的 XRD 图

为了进一步研究 RGO 质量分数对 TiO₂-RGO 纳米复合光催化剂衍射峰强的影响，用 XRD 对 TiO₂-4RGO、TiO₂-6RGO、TiO₂-8RGO 和 TiO₂-10RGO 纳米复合光催化剂进行表征，结果如图 7.3 所示。由图可知，随着 RGO 的质量分数从 4% 增加至 10%，衍射峰的类型不变，属于锐钛矿晶型 TiO₂，但在 $2\theta=25.2°$的主要衍射峰的强度逐渐减弱，主要原因是 TiO₂ 表面黑色的 RGO 对光具有掩蔽效应，峰强减弱[7]。

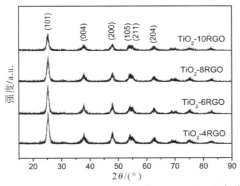

图 7.3　TiO₂-4RGO、TiO₂-6RGO、TiO₂-8RGO 和 TiO₂-10RGO 复合光催化剂的 XRD 图

3. Raman 光谱分析

为了研究制备的 TiO_2/RGO 复合光催化剂的电子特征及其中石墨烯的还原情况，利用 Raman 光谱对 GO 和 TiO_2-8RGO 进行表征，结果如图 7.4 所示。由图可知，相对于 GO 的 Raman 光谱峰，TiO_2-8RGO 在波数为 151 cm^{-1}、397 cm^{-1}、513 cm^{-1} 和 630 cm^{-1} 处出现 4 个峰，这 4 个峰归属于锐钛 TiO_2 的 E_g、B_{1g}、$B_{1g}+A_{1g}$ 和 E_g 的振动模式[8,9]，说明复合光催化剂中的 TiO_2 属于锐钛矿型。从图中还可以看到 GO 和 TiO_2-8RGO 在 1356 cm^{-1} 和 1601 cm^{-1} 均出现 2 个峰，1356 cm^{-1}（D带）归因于边缘或者其他缺陷的存在，1601 cm^{-1}（G 带）对应于有序的 sp^2 杂化的碳原子[10]，D/G 的峰强比可反映 GO 通过水热反应后被还原的程度，GO 和 TiO_2-8RGO 的 I_D/I_G 值分别为 0.759 和 0.909，I_D/I_G 的增加说明了经过水热反应后，GO 的 sp^2 区域平均尺寸变小，数量增多，GO 被部分还原[8,11]。

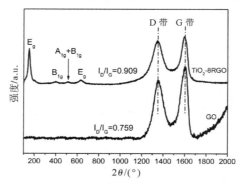

图 7.4　GO 和 TiO_2-8RGO 纳米复合光催化剂的 Raman 光谱图

4. XPS 分析

为了进一步研究复合光催化剂中的元素组成、化学态以及通过水热反应后 GO 的还原程度，利用 XPS 对 GO 和 TiO_2-8RGO 进行测试和分析，结果如图 7.5 所示。TiO_2-8RGO 复合光催化剂的全谱图［图 7.5(a)］显示结合能为 284 eV、459 eV 和 530 eV 位置有明显的信号，分别归属于 C、Ti 和 O 三种元素，说明复合光催化剂中含有 C、Ti 和 O 三种元素。图 7.5(b) 为 GO 和 TiO_2-8RGO 复合光催化剂中 C1s 的 XPS 比较图。由图可知，GO 和 TiO_2-8RGO 在结合能约为 284.6 eV 和 287 eV 处均出现特征峰，分别归属于 C—C 键和 C—O/C═O/C(O)O 键。通过对比可以看出，GO 和 TiO_2-8RGO 在结合能为 284.6eV 处的峰强较为接近，但结合能为 287 eV 处，GO 的特征峰很强，而 TiO_2-8RGO 的特征峰很弱，这说明 GO 含有大量的含氧基团，而通过水热反应后，GO 中的大量含氧基团已经被还原为 RGO。为了进一步弄清楚水热反应后复合光催化剂中 C1s 的化学态，对 GO 和 TiO_2-8RGO 中的 C1s 峰进行拟合，结果如图 7.5(c) 和图 7.5(d) 所示。GO 的 C1s 在结合能位于 284.6 eV、286.5 eV、287.2 eV 和 289.0 eV 拟合出 4 个峰，分别归属于 C—C 、C—OH、C=O 和 C(O)O[12,13]。而 TiO₂-8RGO 的 C1s 在结合能位于 283.5 eV、284.6 eV、285.7 eV、287.2 eV 和 288.8 eV 拟合出 5 个峰。其中结合能为 284.6 eV、285.7 eV、287.2 eV 和 288.8 eV 的峰分别属于 C—C/C=C/H—C、C—OH、C=O 和 C(O)O，结合能为 283.5 eV 属于 C—Ti 键[14,15]，说明 TiO₂-8RGO 复合光催化剂中 TiO₂ 与 RGO 之间存在很强的相互作用。

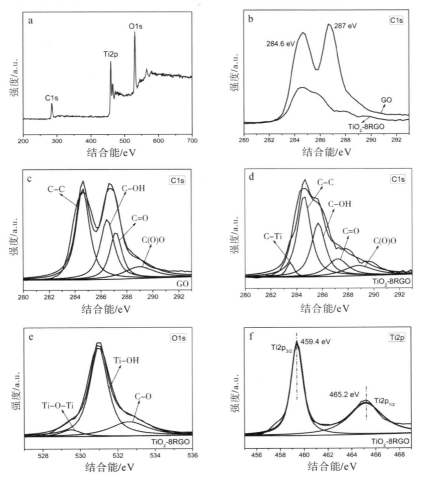

图 7.5　TiO₂-8RGO 的 XPS 全谱图（a），GO 和 TiO₂-8RGO 的 C1s XPS 比较图（b），GO（c）和 TiO₂-8RGO（d）的 C1s 分峰拟合结果图，以及 TiO₂-8RGO 的 O1s（e）和 Ti2p（f）的分峰拟合结果图

通过对比 GO 和 TiO₂-8RGO 中 C1s 的拟合结果，可以看出通过水热反应后 C=O 峰的强度明显减弱，而 C(O)O 和 C—OH 峰的强度也有不同程度的下降。TiO₂-8RGO 的 O1s XPS 图谱有结合能分别为 529.5 eV、531.0 eV 和 532.6 eV 的

三个峰 [图 7.5(e)]，分别归属于 Ti—O—Ti、Ti—O—H 和 C—O（C—OH 或 C—O—C）[16]。这些结果都进一步说明，经过水热反应后，GO 部分还原为 RGO，TiO_2 与 RGO 之间存在很强的相互作用。TiO_2-8RGO 的 Ti2pXPS 图谱 [图 7.5(f)] 显示有两个峰，结合能分别为 459.4 eV 和 465.2 eV，归属于 TiO_2 中的 $Ti2p_{\frac{3}{2}}$ 和 $Ti2p_{\frac{1}{2}}$ [17]，两峰结合能差值为 5.8 eV，说明 Ti 以 Ti^{4+}（TiO_2）形式存在[18]。

7.3.2 复合光催化剂的性能研究

为了弄清合成条件和光催化反应条件对复合光催化剂去除水中 EE2 的影响，以及比较不同材料的催化活性，本章主要研究影响 TiO_2/RGO 复合光催化剂性能的主要因素，这些因素包括水热反应环境中 H_2O 和 C_2H_5OH 混合溶剂的体积比、RGO 的质量分数等合成条件，以及催化剂浓度、EE2 溶液初始 pH 等反应条件。

1. TiO_2-RGO 复合光催化剂合成条件对其性能的影响

1）H_2O/C_2H_5OH 混合溶剂体积比对 TiO_2-RGO 复合光催化剂性能的影响

为了探明水热反应环境中 H_2O 和 C_2H_5OH 混合溶剂的体积比对 TiO_2-RGO 复合光催化剂性能的影响，固定 RGO 的质量分数为 4%，通过调节 H_2O 和 C_2H_5OH 的体积比（$V_{H_2O}:V_{C_2H_5OH}=1:0$、$2:1$、$1:1$、$1:2$ 和 $0:1$），制备出一系列的复合光催化剂，并应用于降解 EE2 的研究。实验条件为催化剂的浓度为 0.3 g/L，EE2 的初始浓度为 3 mg/L，pH 为 6.0，实验结果如图 7.6 所示。在暗处条件下，EE2 在光催化剂的表面进行吸附-解吸实验，所有光催化剂在 1 h 内均可达到吸附/解吸平衡。当 $V_{H_2O}:V_{C_2H_5OH}$ 为 $1:0$、$2:1$、$1:1$、$1:2$ 和 $0:1$ 时，TiO_2-4RGO 复合光催化剂对 EE2 的吸附去除率分别为 29.8%、30.5%、32.3%、21.1% 和 20.4%。当 H_2O/C_2H_5OH 混合溶剂体积比从 $1:0$ 减小至 $1:1$ 时，催化剂对 EE2 的吸附去除率逐渐增强，这主要是因为随着还原剂 C_2H_5OH 比例的增加，产生的石墨烯在增加，而复合光催化剂中的 RGO 对 EE2 有较强的吸附能力，这种吸附能力主要是 RGO 与 EE2 的苯环之间的 π-π 键相互作用[19,20]，所以催化剂对 EE2 的吸附去除率增强。而当 H_2O/C_2H_5OH 混合溶剂体积比继续减小至 $1:2$ 和 $0:1$ 时，催化剂对 EE2 的吸附去除率明显减小，说明随着还原剂 C_2H_5OH 的体积比例继续增加，不利于产生吸附性能优良的石墨烯，主要原因可能是产生的石墨烯有严重的堆积问题。

使 EE2 在所有光催化剂上达到吸附-解吸平衡后，再开启紫外灯进行光催化降解步骤，当 $V_{H_2O}:V_{C_2H_5OH}$ 为 $1:0$、$2:1$、$1:1$、$1:2$ 和 $0:1$ 时，EE2 的光催化降解去除率分别为 55.7%、58.6%、62.2%、59.3% 和 54.8%，总的去除率分别为 85.5%、89.1%、94.5%、80.4% 和 75.2%。说明水热环境中 H_2O/C_2H_5OH 混合溶剂体积比对催化剂的活性影响很大，其中部分原因可能是前面所提到的还原

剂 C_2H_5OH 比例影响石墨烯的性能，导致石墨烯对 EE2 的吸附能力不同，进而影响复合光催化剂对 EE2 的总去除率；而另一方面是因为 TBT 的水解速率影响 TiO₂ 的生长速率。水相中 TBT 水解过快，C_2H_5OH 相中 TBT 醇解过慢，均不利于 TiO₂ 成核生长[21]。因此，合适的 H_2O 和 C_2H_5OH 体积比可以控制前驱体 TBT 的水解，从而得到催化活性高的复合光催化剂。由实验结果可知，当 H_2O/C_2H_5OH 混合溶剂体积比为 1∶1 时，TiO₂-4RGO 复合光催化剂对 EE2 的总去除率最高，为 94.5%，所以选择 H_2O/C_2H_5OH 混合溶剂体积比为 1∶1 最佳。

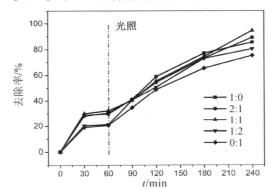

图 7.6　在不同水热环境下（$V_{H_2O} : V_{C_2H_5OH}$＝1∶0、2∶1、1∶1、1∶2 和 0∶1）合成的 TiO₂-4RGO 复合光催化剂（0.3 g/L）降解去除 EE2（3 mg/L）的时间曲线

2）RGO 的质量分数对 TiO₂-RGO 复合光催化剂性能的影响

为了探明 TiO₂-RGO 复合光催化剂中 RGO 的质量分数对复合光催化剂性能的影响，以及优化复合光催化剂中 RGO 的质量分数，固定 H_2O 和 C_2H_5OH 体积比为 1∶1，制备出不同 RGO 质量分数（4%、6%、8% 和 10%）的复合光催化剂，并应用于降解 EE2 的研究，实验条件为催化剂浓度为 0.3 g/L，EE2 的初始浓度为 3 mg/L。图 7.7 为 TiO₂-4RGO、TiO₂-6RGO、TiO₂-8RGO 和 TiO₂-10RGO 复合光催化剂降解去除 EE2 的时间曲线。EE2 在 TiO₂-4RGO、TiO₂-6RGO、TiO₂-8RGO 和 TiO₂-10RGO 上的吸附去除率分别为 32.3%、37.3%、41.7% 和 52.3%，随着 RGO 的质量分数从 4% 增加至 10%，其对 EE2 的去除率从 32.3% 增加至 52.3%，这是由于复合光催化剂中 RGO 与 EE2 的苯环之间的 π-π 相互作用[19,20]，引入的 RGO 质量分数越高，对 EE2 的吸附去除率越高。EE2 在 TiO₂-4RGO、TiO₂-6RGO、TiO₂-8RGO 和 TiO₂-10RGO 上的光催化降解去除率分别为 62.2%、60.1%、58.0% 和 45.0%，总去除率分别为 94.5%、93.4%、99.7% 和 97.3%。随着 RGO 的质量分数从 4% 增加至 8%，复合光催化剂对 EE2 的总去除率也随之增加，而当 RGO 的质量分数增加至 10% 时，复合光催化剂对 EE2 的总去除率减

小，这说明过量的 RGO 不利于催化活性的提高。可能的原因是过量的 RGO 会对光有吸收，使得 TiO$_2$ 对光的利用率下降，催化活性随之下降。从吸附和光催化降解协同去除 EE2 的角度分析，复合光催化剂中最佳的 RGO 的质量分数为 8%，光照 3 h 后，EE2 的总去除率达到 99.7%。

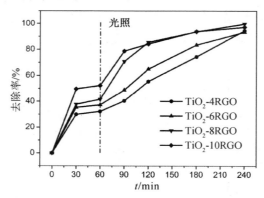

图 7.7　TiO$_2$-4RGO，TiO$_2$-6RGO，TiO$_2$-8RGO 和 TiO$_2$-10RGO 复合光催化
剂（0.3 g/L）降解去除 EE2（3 mg/L）的时间曲线

2. 光催化反应条件对 TiO$_2$-RGO 复合光催化剂性能的影响

1) 催化剂浓度对 TiO$_2$-8RGO 复合光催化剂性能的影响

为了获得利用 TiO$_2$-8RGO 降解 EE2 实验体系中最优的催化剂浓度，以及研究催化剂浓度对 EE2 去除率的影响，不同光催化剂浓度降解去除 EE2 的时间曲线如图 7.8 所示。实验条件为 TiO$_2$-8RGO 复合光催化剂的浓度为 0.1 g/L、0.3 g/L、0.5 g/L、0.8 g/L 和 1.0 g/L，EE2 的初始浓度为 3 mg/L，TiO$_2$-8RGO 复合光催化剂的浓度为 0.1 g/L、0.3 g/L、0.5 g/L、0.8 g/L 和 1.0 g/L 时，吸附去除率分别为 7.3%、41.7%、74.2%、91.4% 和 92.9%。催化剂为 0.1 g/L 时，对 EE2 的总去除率为 87.3%，而催化剂浓度从 0.3 g/L 增加至 1.0 g/L 时，不同催化剂浓度对 EE2 的总去除率都达 99.7%。随着催化剂浓度的增大，吸附去除率逐渐提高，总去除效率逐渐升高。这是因为在一定的催化剂浓度范围内，在 EE2 浓度固定的情况下，随着液相体系中复合光催化剂浓度的增加，对 EE2 有很强吸附能力的 RGO 的质量分数也会增加，吸附去除率必然提高，总的去除效率就越高。在催化反应中，催化剂的浓度与光催化反应速率存在一定的关系，光催化反应速率随着催化剂浓度的增加而提高，但是，当催化剂的浓度达到一定值时，反应速率不会再增加。这个极值主要取决于材料接触光的表面积、有机污染物的结构、浓度、反应容器的几何形状及催化剂的催化活性等[22]。而在我们所固定的污染物浓度和所选择的催化剂浓度范围内，没有观察到催化剂浓度的极值。最终，从降低成本的角度出发，选择

0.3 g/L 的催化剂浓度为最佳条件。

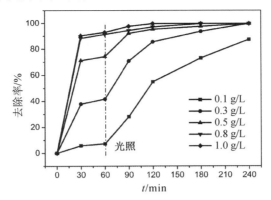

图 7.8　不同催化剂浓度（0.1 g/L、0.3 g/L、0.5 g/L、0.8 g/L 和 1.0 g/L）的 TiO₂-
8RGO 复合光催化剂降解去除 EE2（3 mg/L）的时间曲线

2）EE2 溶液初始 pH 对 TiO₂-8RGO 复合光催化剂性能的影响

溶液初始 pH 会影响催化剂的表面性质和目标污染物的存在形式，从而影响催化剂对目标污染物的吸附速率和光催化降解速率。图 7.9 为 EE2 溶液初始 pH 分别为 2.0、4.0、6.0、8.0 和 10.0，EE2 初始浓度为 3 mg/L，催化剂浓度为 0.3 g/L 时，TiO₂-8RGO 降解去除 EE2 的时间曲线。实验过程用 0.1 mol/L 的 NaOH 和 HCl 调节溶液 pH，且用 pH 计进行准确测定。由图 7.9 可知，溶液 pH 为 2.0、4.0、6.0、8.0 和 10.0 时，吸附去除率分别为 40.5%、42.5%、41.7%、38.4% 和 35.8%。说明在 pH 2~6 范围内，吸附去除率变化不大，而 pH 增加至 8.0 和 10.0 时，吸附去除率明显减少，这是由于 TiO₂-8RGO 复合光催化剂中的 RGO 在整个 pH 范围内显负电，而 EE2 在碱性环境中时主要以阴离子的形式存在，所以 RGO 和 EE2 之间有较强的静电排斥力存在，必然会导致其吸附去除率变小。溶液 pH 为 2.0、4.0、6.0、8.0 和 10.0 时，光催化降解去除率分别为 56.2%、55.2%、58.0%、52.6% 和 53.7%，总去除率分别为 96.7%、97.7%、99.7%、91.0% 和 89.5%。由此可见，在 pH 为 2.0~6.0 范围内，TiO₂-8RGO 复合光催化剂对 EE2 的总去除率较为相近。当 pH 为 6.0 时，TiO₂-8RGO 复合光催化剂对 EE2 的总去除率最高，达到 99.7%。因为 EE2 水溶液的原始 pH 为 5.8 左右，因此，当溶液的 pH 为弱酸性或中性时，TiO₂-8RGO 复合光催化剂的催化活性更好。当 pH 增加至 8.0 和 10.0 时，TiO₂-8RGO 复合光催化剂对 EE2 的总的去除率明显下降，这也是因为带负电的 RGO 与碱性环境 EE2 阴离子相互排斥，因此，复合光催化剂催化活性降低。因此，EE2 溶液初始 pH 为 6.0 是最佳反应条件。

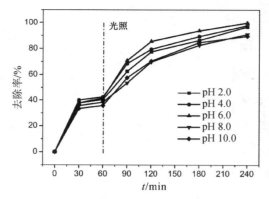

图 7.9　TiO$_2$-8RGO 复合光催化剂（0.3 g/L）降解去除不同 pH（2.0、4.0、
6.0、8.0 和 10.0）的 EE2（3 mg/L）的时间曲线

3. 不同催化剂的催化性能比较

为了研究复合光催化剂中的 RGO 对 TiO$_2$-8RGO 光催化性能的影响，以及评价复合光催化剂的光催化活性，在最优的光催化反应条件下，分别利用 TiO$_2$-8RGO、TiO$_2$ 和 P25 光催化剂降解去除水中的 EE2。实验条件为催化剂浓度为 0.3 g/L，EE2 的初始浓度为 3 mg/L，EE2 溶液初始 pH 为 6.0，实验结果如图 7.10 所示。TiO$_2$-8RGO、TiO$_2$ 和 P25 对 EE2 的吸附去除率分别为 41.7%、8.6% 和 5.8%，光催化降解去除率分别为 58.0%、69.0% 和 69.8%，总的去除率分别为 99.7%、77.6% 和 75.6%，而光解的去除率为 46.0%。从此可知，TiO$_2$ 和 P25 对 EE2 基本没有吸附能力，而 RGO 和 TiO$_2$ 复合后，TiO$_2$-8RGO 复合光催化剂对 EE2 的吸附能力大大提高，主要是因为 TiO$_2$ 表面为亲水性，其对水的结合能力远远大于对疏水性 EE2 的结合能力，而 TiO$_2$-8RGO 复合光催化剂中的 RGO 可通过 π-π 作用力吸附水中的 EE2。TiO$_2$-8RGO 很强的光催化活性是由于复合光催化剂中 RGO 对 EE2 的强吸附能力，使得 EE2 在复合光催化剂表面进行富集浓缩，水相中的 EE2 可快速迁移至复合光催化剂的表面而被降解，通过 RGO 的吸附作用和 TiO$_2$ 的光催化降解作用协同去除 EE2，提高复合光催化剂对 EE2 的去除效率。

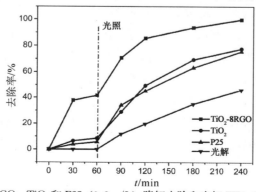

图 7.10　TiO$_2$-8RGO、TiO$_2$ 和 P25（0.3 g/L）降解去除和光解 EE2（3 mg/L）时间曲线

7.4　本章小结

（1）在 C$_2$H$_5$OH 和 H$_2$O 的混合溶剂中，以 TBT 和自制的 GO 溶液（H$_2$O 和 C$_2$H$_5$OH 混合溶剂）为原料，采用水热法制备了 TiO$_2$/RGO 复合光催化剂，并用 TEM、XRD、Raman 光谱和 XPS 进行表征及分析。结果表明，在 H$_2$O 和 C$_2$H$_5$OH 的体积比为 1：1 时，通过水热反应后，GO 被部分还原为 RGO，5～10 nm 的 TiO$_2$ 纳米粒子分散在 RGO 上，并且 TiO$_2$ 与 RGO 之间能形成稳定的 Ti—C 键。

（2）研究了水热条件中 H$_2$O 和 C$_2$H$_5$OH 的体积比、复合光催化剂中 RGO 的比例等合成条件以及催化剂浓度、EE2 溶液初始 pH 等条件对降解 EE2 的影响，结果表明最佳的合成条件为 H$_2$O 和 C$_2$H$_5$OH 的体积比为 1：1，RGO 的质量分数为 8%；最优光催化降解条件为催化剂浓度为 0.3 g/L，EE2 溶液初始 pH 为 6.0。最优条件下，TiO$_2$-8RGO 复合光催化剂对 EE2 的吸附去除率为 41.7%，光催化降解去除率为 58.0%，总的去除率为 99.7%，而 P25 对 EE2 的吸附去除率为 5.8%，光催化降解去除率为 69.8%，总的去除率只有 75.6%，TiO$_2$-8RGO 复合光催化剂对 EE2 总的去除率明显高于 P25。

（3）探明了 TiO$_2$-RGO 复合光催化剂具有高的催化活性的原因，主要是 RGO 与 TiO$_2$ 复合后，RGO 可通过与 EE2 的 π-π 作用力加快水中低浓度疏水性 EE2 迁移至 TiO$_2$ 的表面，起到富集浓缩作用，从而使得 EE2 被迅速降解。通过 RGO 的吸附作用和 TiO$_2$ 的光催化降解作用协同去除 EE2，从而提高复合光催化剂的去除效率。

参考文献

［1］Zhang H，Lv X，Li Y，et al. P25-graphene composite as a high performance photocatalyst[J]. ACS Nano，2010，4（1）：380-386.

［2］Zhang Y，Tang Z R，Fu X，et al. TiO$_2$-graphene nanocomposites for gas-phase photocatalytic degradation of volatile aromatic pollutant：is TiO$_2$-graphene truly different from other TiO$_2$-carbon composite materials[J]. ACS Nano，2010，4（12）：7303-7314.

［3］Liu K，Fu，H，Shi，K，et al. Preparation of large-pore mesoporous nanocrystalline TiO$_2$ thin films with tailored pore diameters[J]. Journal of Physical Chemistry B，109（40）：18719-18722.

［4］Stankovich S，Kikin D A，Piner R D，et al. Synthesis of graphene-based nanosheets via chemical reduction of exfoliated graphite oxide[J]. Carbon，2007，45：1558-1565.

［5］Perera S D，Mariano R G，Vu K，et al. Hydrothermal synthesis of graphene-TiO$_2$ nanotube composites with enhanced photocatalytic activity[J]. ACS Catalysis，2012，2（6）：949-956.

［6］Sher Shah M S，Park A R，Zhang K，et al. Green synthesis of biphasic TiO$_2$-reduced graphene oxide nanocomposites with highly enhanced photocatalytic activity[J]. ACS Applied Materials & Interfaces，2012，4（8）：3893-3901.

［7］Wang D T，Li X，Chen J F，et al. Enhanced photoelectrocatalytic activity of reduced graphene oxide/TiO$_2$ composite films for dye degradation[J]. Chemical Engineering Journal，2012，198-199：547-554.

[8] Xiang Q J, Yu J G, Jaroniec M. Enhanced photocatalytic H_2-production activity of graphene-modified titania nanosheets[J]. Nanoscale, 2011, 3: 3670-3678.

[9] Yu J G, Ma T T, Liu G, et al. Enhanced photocatalytic activity of bimodal mesoporous titania powders by C60 modification[J]. Dalton Transactions, 2011, 40: 6635-6644.

[10] Zhang Y H, Zhang N, Tang Z R, et al. Improving the photocatalytic performance of graphene-TiO_2 nanocomposites via a combined strategy of decreasing defects of graphene and increasing interfacial contact [J]. Physical Chemistry Chemical Physics, 2012, 14: 9167-9175.

[11] Gao E P, Wang W Z, Shang M, et al. Synthesis and enhanced photocatalytic performance of graphene-Bi_2WO_6 composite[J]. Physical Chemistry Chemical Physics, 2011, 13: 2887-2893.

[12] Akhavan O. Graphene nanomesh by ZnO nanorod photocatalysts[J]. ACS Nano, 2010, 4: 4174-4180.

[13] Liu S W, Liu C, Wang W G, et al. Unique photocatalytic oxidation reactivity and selectivity of TiO_2-graphene nanocomposites[J]. Nanoscale, 2012, 4 (10): 3193-3200.

[14] Akhavan O, Azimirad R, Safa S, et al. Visible light photo-induced antibacterial activity of CNT-doped TiO_2 thin films with various CNT contents[J]. Journal of Materials Chemistry, 2010, 20 (35): 7386-7392.

[15] Akhavan O, Abdolahad M, Abdi Y, et al. Synthesis of titania/carbon nanotube heterojunction arrays for photoinactivation of E. coli in visible light irradiation[J]. Carbon, 2009, 47 (14): 3280-3287.

[16] Yuan R S, Guan R B, Liu P, et al. Photocatalytic treatment of wastewater from paper mill by TiO_2 loaded on activated carbon fibers[J]. Colloid and Surfaces A: Physicochemical and Engineering Aspects, 2007, 293 (1-3): 80-86.

[17] Jiang B J, Tian C G, Pan Q J, et al. Enhanced photocatalytic activity and electron transfer mechanisms of graphene/TiO_2 with exposed {001} facets[J]. Journal of Physical Chemistry C, 2011, 115 (48): 23718-23725.

[18] Sun J, Zhang H, Guo L H, et al. Two-dimensional interface engineering of a titania-graphene nanosheet composite for improved photocatalytic activity[J]. ACS Applied Materials & Interfaces, 2013, 5 (24): 13035-13041.

[19] Xu J, Wang L, Zhu Y F. Decontamination of bisphenol A from aqueous solution by graphene adsorption[J]. Langmuir, 2012, 28 (22): 8418-8425.

[20] Bai X, Zhang X Y, Hua Z L, et al. Uniformly distributed anatase TiO_2 nanoparticles on graphene: synthesis, characterization and photocatalytic application[J]. Journal of Alloys and Compounds, 2014, 599: 10-18.

[21] 杨贤锋. 含钛纳米结构材料的可控水热合成及性能研究[D]. 广州: 中山大学, 2008.

[22] Tsai W T, Lee M K, Su T Y, et al. Photodegradation of bisphenol A in a batch TiO_2 suspension reactor[J]. Journal of Hazardous Materials, 2009, 168 (1): 269-275.

第 8 章　表面氟化 TiO_2/RGO 复合光催化剂的制备及其降解 EE2 的研究

8.1　引言

第 7 章的实验结果表明可以利用石墨烯基 TiO_2 复合光催化剂中 RGO 对 EE2 的强吸附能力，与 TiO_2 的光催化降解作用协同去除水体中的低浓度 EE2。而近年来，TiO_2 的表面氟化已经发展成为一种新的表面修饰方法[1,2]。表面氟化的 TiO_2 具有很高的催化活性，一方面是因为 F^- 的存在可提高锐钛矿相 TiO_2 的结晶度[3,4]；另一方面，吸附在 TiO_2 表面的 F^- 能够降低其表面产生的光生电子-空穴对的复合概率，并且产生的羟基自由基（·OH）相对于纯 TiO_2 产生的羟基自由基具有更高的催化活性[5,6]。

为了更进一步提高石墨烯基 TiO_2 复合光催化剂的光催化活性，本章以 TBT、HF 和自制的 GO 为原料，使用更低的合成温度一步水热法合成结晶性更好的表面氟化 TiO_2/RGO（FTG）复合光催化剂。优化 TBT 与 HF 的物质的量之比、RGO 的质量分数等合成条件。研究催化剂浓度、EE2 溶液初始 pH 等降解条件对 EE2 去除率的影响。探讨了 HF 在材料合成过程的作用和协同 RGO 提高 TiO_2 催化活性的机制，并评价了三元复合光催化剂的催化活性。

8.2　实验部分

FTG 复合光催化剂的制备：本章以 TBT、HF 和自制的 GO 水溶液（1 mg/mL）为原料，采用水热法制备表面氟化的 TiO_2/RGO 复合光催化剂，该类复合光催化剂命名为 FTG。可通过调节反应液中 GO 所占 GO 和 TiO_2 总体的质量分数例，制得 RGO 的质量分数为 2%、4%、6% 和 8% 的 FTG 复合光催化剂，分别命名为 FTG-2、FTG-4、FTG-6 和 FTG-8。以 FTG-4 复合光催化剂制备过程为例，说明其具体的制备过程：准确移取 10 mL 氧化石墨烯溶液（1 mg/mL），然后加入 20 mL 水，超声30 min，再逐滴加入 0.2 mL HF（HF 与 TBT 的物质的量之比为 1∶1.5）至混合液中。在搅拌的条件下，将 1 mL TBT 逐滴加入上述混合液中，室温下继续搅拌 1 h。然后将悬浮液转移入内衬为聚四氟乙烯的高温高压反应釜中，于 160 ℃ 反应 12 h，自然冷却至室温，离心过滤，用水洗涤至中性，60 ℃ 真空干燥过夜，制得黑色的 FTG-4 复合光催化剂。采用同样的方法，分别在不加 TBT 和 HF，以及不加 HF 的条件下，分别制得 RGO 和 TiO$_2$/RGO（TG，其中 RGO 的质量分数为 4%）。

8.3　结果与讨论

8.3.1　表征与分析

1. TEM 分析

　　为了观察所制备的 FTG 复合光催化剂的形貌，利用 TEM 对自制的 GO、RGO 和 FTG-4 材料进行观察，结果如图 8.1 所示。由图可知，GO 具有薄纱状的层状结构，表面有很多起伏和褶皱 [图 8.1(a)]，通过热处理后得到的 RGO 具有一种近似透明的、很薄的扁平层状结构 [图 8.1(b)]。从 FTG-4 复合光催化剂的 TEM 图 [图 8.1(c)] 中可以明显看出边缘清晰的 RGO 层存在，且有 20～30 nm 的 TiO$_2$ 颗粒覆盖在其表面。FTG-4 复合光催化剂的高分辨 TEM 图如图 8.1(d) 所示，从图中可以看到具有明显晶格条纹的 TiO$_2$ 存在，说明生成的 TiO$_2$ 晶型较好，且晶格间距为 0.35 nm，与锐钛矿型 TiO$_2$ 的（101）晶面间距一致[7]。

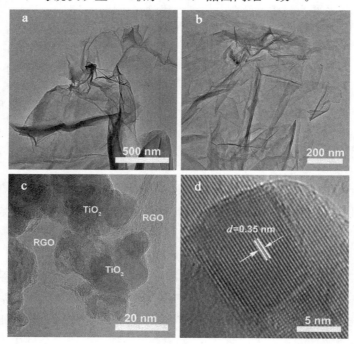

图 8.1　GO (a)、RGO (b) 和 FTG-4 (c) 的 TEM 图，FTG-4 的高分辨 TEM 图 (d)

2. XRD 分析

　　为了研究复合光催化剂的晶相组成和结构以及 HF 在复合光催化剂制备过程中

的作用，利用 XRD 对 GO、RGO、TG（制备过程不加 HF）和 FTG-4 进行表征，结果如图 8.2 所示。由图可知，GO 在 2θ 为 10.8° 处出现了一个峰形尖锐、强度较高的特征峰，对应于氧化石墨的 (001) 晶面。经水热还原后，$2\theta = 10.8°$ 的衍射峰消失，但在 $2\theta = 24.5°$ 出现了一个新的特征峰，说明氧化石墨已经被还原成 RGO[8]。TG 和 FTG-4 纳米复合光催化剂的 XRD 谱图比较相似，它们的主要衍射峰有 25.2°、37.8°、47.9°、53.9°、55.0°、62.6°、68.8°、70.1° 和 74.9°，分别属于锐钛矿型 TiO₂ 的 (101)、(004)、(200)、(105)、(211)、(204)、(116)、(220) 和 (215) 晶面，说明复合光催化剂中 TiO₂ 是纯锐钛矿相。另外，从复合光催化剂的 XRD 图中未观察到 RGO 的衍射峰（$2\theta = 24.5°$），主要原因可能是复合光催化剂中 RGO 的质量分数较低（只有 4%），并且相对于 TiO₂ 的衍射峰的强度，RGO 的衍射峰太弱，RGO 在 2θ 为 24.5° 的特征峰被 TiO₂ 在 25.2° 的较强衍射峰屏蔽[9]。对比 FTG-4 和 TG 的 XRD 谱图，可以观察到由于 HF 的加入，锐钛矿相 TiO₂ 位于 25.2°、37.8°、47.9°、53.9° 和 55.0° 的衍射峰强度明显增加，说明 TiO₂ 的结晶度增强。该结果表明，F⁻ 可以通过吸附在 TiO₂ 表面而提高锐钛矿相 TiO₂ 的结晶度，这与文献报道一致[3,4]。而通过布拉格方程（式 8.1）计算得到 FTG-4 和 TG 的 (101) 晶面的晶面间距 d 均为 0.352 nm，说明 F⁻ 对 TiO₂ 晶格未产生显著影响。

晶面间距主要根据布拉格（Bragg）方程 8.1 进行计算：

$$d = \frac{n\lambda}{2\sin\theta} \tag{8.1}$$

式中，d 为晶面间距；n 为衍射级数；λ 为 X 射线的波长；θ 为入射 X 射线与相应晶面的夹角。

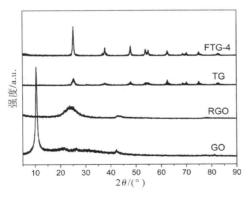

图 8.2　GO、RGO、TG 和 FTG-4 的 XRD 图

为了进一步研究 RGO 含量对 FTG 纳米复合光催化剂衍射峰强的影响，用 XRD 对 FTG-2、FTG-4、FTG-6 和 FTG-8 纳米复合光催化剂进行表征，结果如图 8.3 所示。由图可知，随着 RGO 的质量分数从 2% 增加至 8%，衍射峰的类型不变，属于锐钛矿晶型 TiO₂，但在 $2\theta = 25.2°$ 的主要衍射峰的强度逐渐减弱，主要原因是

TiO$_2$ 表面黑色的 RGO 对光具有掩蔽效应[10]。

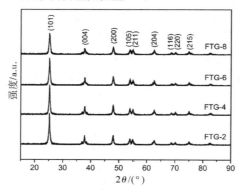

图 8.3　FTG-2、FTG-4、FTG-6 和 FTG-8 复合光催化剂的 XRD 图

3. Raman 光谱分析

为了研究制备的 FTG-4 复合光催化剂的结构和电子特征,利用 Raman 光谱对 GO 和 FTG-4 进行表征,结果如图 8.4 所示。由图可知,GO 在 1360 cm^{-1} 和 1605 cm^{-1} 处出现 2 个峰,1360 cm^{-1}(D 带)归因于边缘或者其他缺陷的存在,1605 cm^{-1}(G 带)对应于有序的 sp^2 杂化的碳原子[11]。FTG-4 在波数为 157 cm^{-1}、392 cm^{-1}、511 cm^{-1} 和 629 cm^{-1} 处出现 4 个峰,这 4 个峰分别归属于锐钛 TiO$_2$ 的 E_g、B_{1g}、$B_{1g}+A_{1g}$ 和 E_g 的振动模式[12,13],说明复合光催化剂中的 TiO$_2$ 属于锐钛矿型。FTG-4 的 Raman 谱图同样也出现了 D 带和 G 带,说明石墨烯的结构在复合光催化剂中仍然存在。D/G 的峰强比可反映 GO 被还原的程度,GO 和 FTG-4 的 I_D/I_G 值分别为 0.759 和 0.975,I_D/I_G 的增加说明了经过水热反应后,GO 的 sp^2 区域平均尺寸变小,数量增多,GO 被部分还原[12,14]。

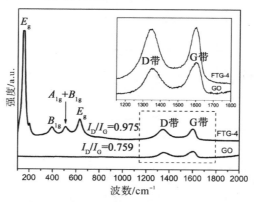

图 8.4　GO 和 FTG-4 复合光催化剂的 Raman 光谱图

4. XPS 分析

为了进一步研究复合光催化剂中的元素组成、化学态以及通过水热反应后 GO

的还原程度，利用 XPS 对 GO 和 FTG-4 进行测试和分析，结果如图 8.5 所示。FTG-4 复合光催化剂的全谱图 [图 8.5(a)] 显示结合能为 286 eV、460 eV、531 eV 和 685 eV 位置有明显的信号，分别归属于 C、Ti、O 和 F 四种元素，说明复合光催化剂中含有 C、Ti、O 和 F 四种元素。图 8.5(b) 为 GO 和 FTG-4 复合光催化剂中 C1s 的 XPS 比较图，由图可知，GO 和 FTG-4 在结合能约为 284.6 eV 和 287.0 eV 处均出现特征峰，归属于 C—C 键和 C—O/C=O/C(O)O 键。通过对比可以看出，在结合能为 284.6 eV 处和 287.0 eV 处，GO 的特征峰都很强，而 FTG-4 的特征峰很弱，这说明 GO 含有大量的含氧基团，而通过水热反应后，GO 中的大量含氧基团已经被还原为 RGO。为了进一步弄清楚水热反应后复合光催化剂中 C1s 的化学态，对 GO 和 FTG-4 中的 C1s 峰进行拟合，结果如图 8.5(c) 和图 8.5(d) 所示。GO 的 C1s 在结合能位于 284.6 eV、286.5 eV、287.2 eV 和 289.0 eV 处拟合出 4 个峰，分别归属于 C—C、C—OH、C=O 和 C(O)O[15,16]。而 FTG-4 的 C1s 在结合能位于 283.5 eV、284.7 eV、285.7 eV、287.2 eV 和 288.8 eV 处拟合出 5 个峰。其中结合能为 284.6 eV、285.7 eV、287.2 eV 和 288.8 eV 的峰分别属于 C—C、C—OH、C=O 和 C(O)O，结合能为 283.5 eV，属于 C—Ti 键[17,18]，说明 FTG-4 复合光催化剂中 TiO₂ 与 RGO 之间存在很强的相互作用。另外，通过对比 GO 和 FTG-4 中 C1s 的拟合结果，可以看出通过水热反应后 C—OH 和 C=O 峰的强度明显减弱，而 C(O)O 峰的强度也有不同程度的减弱。这些结果都进一步说明，经过水热反应后，GO 部分还原为 RGO，TiO₂ 与 RGO 之间存在很强的相互作用。

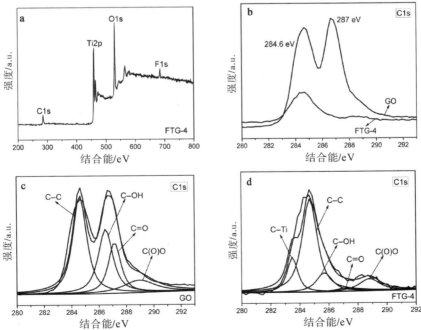

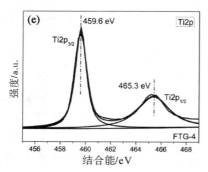 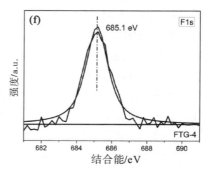

图 8.5　FTG-4 的 XPS 全谱（a），GO 和 FTG-4 的 C1s 的 XPS 图比较（b），GO（c）和
FTG-4（d）的 C1s 分峰拟合结果图，以及 Ti2p（e）和 F1s（f）的分峰拟合结果图

FTG-4 的 Ti2p XPS 图谱 [图 8.5(e)] 显示有两个峰，结合能分别为 459.6 eV 和 465.3 eV，归属于 TiO_2 的 $Ti2p_{\frac{3}{2}}$ 和 $Ti2p_{\frac{1}{2}}$[19]，两峰结合能差值为 5.7 eV，说明 Ti 以 Ti^{4+}（TiO_2）形式存在[20]。图 8.5(f) 为 FTG-4 中 F1s 的 XPS 拟合图，由图可知，只有一个结合能位于 685.1 eV 的拟合峰，这个峰归属于吸附在 FTG-4 表面的 F^-，说明 F^- 可与 TiO_2 表面羟基发生离子交换反应生成稳定的 ≡Ti—F[21,22]。而从图中未出现结合能为 688.5 eV 的特征峰，说明 F^- 未能取代 TiO_2 晶体中的氧位点，产生 F 取代 TiO_2，主要原因可能是水热反应环境可以通过溶解-重结晶的方式加速 TiO_2 晶相的生成，减少晶格缺陷而阻止 F^- 取代 TiO_2 晶格中的 O 原子[23]。

8.3.2　复合光催化剂的性能研究

为了弄清合成条件和光催化降解条件对复合光催化剂降解去除水中 EE2 的影响，以及比较不同材料的催化活性，本章主要研究影响 FTG 复合光催化剂性能的主要因素，这些因素包括 TBT 和 HF 物质的量之比、RGO 的含量等合成条件，以及催化剂量、溶液 pH 等光催化降解条件。

1. FTG 复合光催化剂合成条件对其性能的影响

1）TBT 和 HF 物质的量之比对 FTG 复合光催化剂性能的影响

为了探明 FTG 复合光催化剂中 F^- 的物质的量浓度对催化剂性能的影响，以及优化制备过程中 TBT 与 HF 的物质的量之比，研究了 HF 与 TBT 物质的量之比分别为 2∶1、1.5∶1、1∶1、1∶1.5 和 1∶2 条件下制得的 FTG-4 纳米复合光催化剂降解 EE2。图 8.6 为 TBT 和 HF 的物质的量之比分别为 2∶1、1.5∶1、1∶1、1∶1.5 和 1∶2 制得的 FTG-4 纳米复合光催化剂降解去除 EE2 的时间曲线，降解条件为 0.3 g/L 催化剂，3 mg/L EE2，溶液 pH=6.0。由图可知，TBT 和 HF 的物质的量之比分别为 2∶1、1.5∶1、1∶1、1∶1.5 和 1∶2 制得的 FTG-4 对 EE2 的吸附去除率分别为 29.9%、30.6%、30.0%、33.0% 和 30.6%，光催化降解去除率分别为 53.2%、56.6%、60.4%、66.7% 和 54.9%，总去除率分别为 83.1%、

87.2％、90.4％、99.7％和85.5％。可知不同 TBT 和 HF 的物质的量之比所制备的 FTG-4 复合材料对 EE2 的吸附去除率相近，而光催化降解去除率则随着 TBT 和 HF 的物质的量之比从 2∶1 减小到 1∶1.5 而增加，由于 F⁻ 增加，锐钛矿 TiO₂ 结晶性提高，所以其催化效率也增强。而 TBT 和 HF 的物质的量之比达到 1∶2 时，其光催化降解去除率又降低，这可能是由于 F⁻ 过量，逐渐成为光生电子-空穴的复合中心，光催化活性也相应降低[24]。

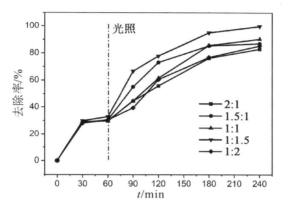

图 8.6　不同 TBT 和 HF 的物质的量之比（TBT∶HF＝2∶1、1.5∶1、1∶1、1∶1.5 和 1∶2）
条件下制得的 FTG-4 复合光催化剂（0.3 g/L）降解去除 EE2（3 mg/L）的时间曲线

2）RGO 的质量分数对 FTG 复合光催化剂的吸附和催化性能的影响

为了探明 FTG 复合光催化剂中 RGO 的质量分数对催化剂的吸附和催化性能的影响，以及优化复合光催化剂中 RGO 的质量分数，制备了不同 RGO 质量分数（2％、4％、6％和8％）的复合光催化剂，并应用于 EE2 的降解研究。实验条件为催化剂的浓度为 0.3 g/L，EE2 的初始浓度为 3 mg/L，pH＝6.0。图 8.7 为 FTG-2、FTG-4、FTG-6 和 FTG-8 复合光催化剂降解去除 EE2 的时间曲线。EE2 在 FTG-2、FTG-4、FTG-6 和 FTG-8 上的吸附去除率分别为 22.3％、33.0％、42.3％和53.5％。随着 RGO 的质量分数从 2％增加至 8％，EE2 的去除率从22.3％增加至 53.5％，这主要是因为复合光催化剂中的 RGO 组分对 EE2 有较强的吸附能力，这种吸附能力主要是 RGO 与 EE2 的苯环之间的 π-π 键相互作用[25,26]，且引入的 RGO 质量分数越大，对 EE2 的吸附去除率越高。EE2 在 FTG-2、FTG-4、FTG-6 和 FTG-8 上的光催化降解去除率分别为 64.2％、66.7％、55.3％和43.9％。吸附和光催化降解总的去除率分别为 86.5％、99.7％、97.6％和97.4％。随着 RGO 质量分数从 2％增加至 4％，复合光催化剂对 EE2 的光催化降解去除率随之增加，而当 RGO 质量分数增加至 6％和8％时，复合光催化剂对 EE2 的光催化降解去除率明显减小，这说明过量的 RGO 不利于复合材料催化活性的提高，可能的原因是过量的 RGO 吸收光，使得 TiO_2 对光的利用率下降，催化活性随之下降。此外，由图 8.7 可知，FTG-4、FTG-6 和 FTG-8 对 EE2 总的去除率比较接近，但是它们单独的光催化降解去除率不同，FTG-4 所占的光催化降解去除率比例最高。我们的最终目的是彻底去除 EE2，RGO 质量分数的提高固然可以增加吸附去除率，但是吸附只是相与相之间的转移，并且存在饱和的问题，而光催化可以使 EE2 最终分解为 CO_2 和 H_2O，即光催化去除所占比例越高越有利于 EE2 的彻底去除，因此，FTG-4 的 RGO 质量分数为 4% 最佳。

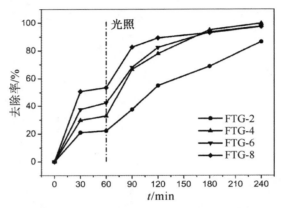

图 8.7　FTG-2、FTG-4、FTG-6 和 FTG-8 复合光催化剂（0.3 g/L）降解
去除 EE2（3 mg/L）的时间曲线

2. 光催化降解条件对 FTG 复合光催化剂性能的影响

1）催化剂浓度对 FTG-4 复合光催化剂性能的影响

为了获得利用 FTG-4 复合光催化剂降解 EE2 实验体系中最优的催化剂浓度，以及研究催化剂浓度对 EE2 去除率的影响，不同光催化剂浓度降解去除 EE2 的时间曲线如图 8.8 所示。实验条件为 FTG-4 复合光催化剂的浓度为 0.1 g/L、0.3 g/L、0.5 g/L、0.8 g/L 和 1.0 g/L，EE2 的初始浓度为 3 mg/L，pH 为 6.0。由图可知，FTG-4 复合光催化剂的浓度为 0.1 g/L、0.3 g/L、0.5 g/L、0.8 g/L 和 1.0 g/L 时，吸附去除率分别为 4.8%、33.0%、61.8%、90% 和 91.4%。催化剂浓度为 0.1 g/L 时，对 EE2 的总去除率为 86.7%，而催化剂浓度从 0.3 g/L 升高至 1.0 g/L 时，对 EE2 的总去除率都达 99.7%。随着催化剂浓度升高，吸附去除率逐渐增高，总的去除效率逐渐增大。在第 7 章 7.3.2 节中也提到，一定的催化剂浓度范围内，在 EE2 浓度固定的情况下，随着液相体系中催化剂浓度升高，RGO 的质量分数增加，吸附去除率随之提高，总的去除率提升。而在固定的污染物浓度和所选择的催化剂浓度范围内，也没有观察到催化剂浓度的极大值。最终，从降低成本的角度出发，选择 0.3 g/L 的催化剂浓度为最佳条件。

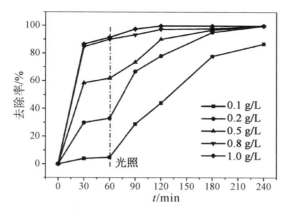

图 8.8　不同催化剂浓度（0.1 g/L、0.3 g/L、0.5 g/L、0.8 g/L 和 1.0 g/L）
的 FTG-4 降解去除 EE2（3 mg/L）的时间曲线

2）EE2 溶液初始 pH 对 FTG-4 复合光催化剂性能的影响

为了研究 EE2 溶液初始 pH 对 FTG-4 复合光催化剂性能的影响，EE2 溶液初始 pH 为 2.0、4.0、6.0、8.0 和 10.0，FTG-4 复合光催化剂降解去除 EE2 的时间曲线如图 8.9 所示。实验条件为 EE2 初始浓度为 3 mg/L，催化剂浓度为 0.3 g/L。由图可知，溶液 pH 为 2.0、4.0、6.0、8.0 和 10.0 时，吸附去除率分别为 32.1％、32.6％、33.0％、30.6％和 28.9％。说明在 pH 为 2.0～6.0 范围内，吸附去除率变化不大，而 pH 增加至 8.0 和 10.0 时，吸附去除率稍有下降，这与第 7 章 7.3.2 中结果相似，由于 FTG-4 复合光催化剂中的 RGO 在整个 pH 范围内显负电，而 EE2 在碱性环境中时主要以阴离子的形式，所以 RGO 和 EE2 之间有较强的静电排斥力，必然会导致其吸附去除率变小。溶液 pH 为 2.0、4.0、6.0、8.0 和 10.0 时，光催化降解去除率分别为 64.3％、64.7％、66.7％、61.1％和 61.2％，总去除率分别为 96.4％、97.3％、99.7％、91.7％和 90.1％。由此可见，当 pH 为 2.0～6.0 时，FTG-4 复合催化剂对 EE2 的总去除率较为相近。当 pH 为 6.0 时，FTG-4 复合光催化剂对 EE2 的总去除率最高，达到 99.7％。因为 EE2 水溶液的原始 pH 为 5.8，因此，当溶液的 pH 为弱酸性或中性时，FTG-4 复合光催化剂的催化活性更好。当 pH 增加至 8.0 和 10.0 时，FTG-4 复合光催化剂对 EE2 的去除率明显下降，这也是因为带负电的 RGO 与碱性环境 EE2 阴离子相互排斥，因此，复合光催化剂催化活性降低，EE2 溶液初始 pH 为 6.0 是最佳降解条件。

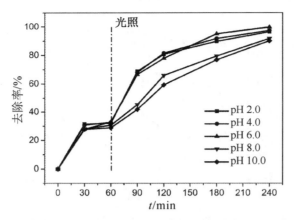

图 8.9　FTG-4 复合光催化剂（0.3 g/L）降解去除不同 pH（2.0、4.0、6.0、
8.0 和 10.0）的 EE2（3 mg/L）的时间曲线

3. 不同催化剂的催化性能比较

为了研究复合光催化剂中的 RGO 和 F^- 对 FTG-4 光催化性能的影响，以及评价复合光催化剂的催化活性，在最优的降解条件下，利用 FTG-4、TG 和 P25 光催化剂降解去除水中的 EE2。实验条件为催化剂浓度为 0.3 g/L，EE2 的初始浓度为 3 mg/L，EE2 溶液初始 pH 为 6.0，实验结果如图 8.10 所示。FTG-4、TG 和 P25 对 EE2 的吸附去除率分别为 33.0%、28.3% 和 5.8%。由此可知，P25 对 EE2 基本没有吸附能力，而加入 RGO 制得复合材料后，FTG-4 和 TG 复合光催化剂对 EE2 的吸附能力大大提高，主要是因为 TiO_2 表面为亲水性，其对水的结合能力远远大于对疏水性 EE2 的结合能力，而 FTG 和 TG 复合光催化剂中的 RGO 可通过 π-π 相互作用力吸附水中的 EE2。FTG-4、TG 和 P25 对 EE2 的光催化降解去除率分别为 66.7%、54.3% 和 69.8%。为了弄清 F^- 对催化剂的活性影响，比较 FTG-4 和 TG 的光催化降解去除率，分别为 66.7% 和 54.3%，可知即使这两种复合材料所含 RGO 的质量分数均为 4%，FTG-4 对 EE2 的去除率仍然高于 TG。正如本章 8.3.1XRD 分析和 XPS 分析中所提到的，复合光催化剂中 F^- 吸附在 TiO_2 的表面，F^- 的存在提高了锐钛矿相 TiO_2 的结晶性，继而增强了光催化剂的活性。FTG-4、TG 和 P25 对 EE2 的总的去除率分别为 99.7%、82.6% 和 75.6%，而光解的去除率为 46.0%。结果表明，相较于其他催化剂，FTG-4 对 EE2 有很强的去除效率。

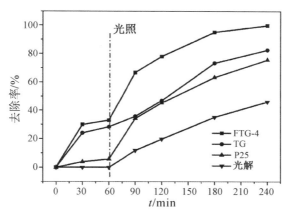

图 8.10　FTG-4、TG 和 P25 （0.3 g/L）降解去除和光解 EE2 （3 mg/L） 时间曲线

基于以上分析和讨论，FTG 很强的光催化活性一方面是由于复合光催化剂中 RGO 对 EE2 的强吸附能力，使得 EE2 在复合光催化剂表面进行富集浓缩，而且水相中的 EE2 可快速迁移至复合光催化剂的表面被降解。另一方面，由于 F⁻ 的存在提高了锐钛矿相 TiO₂ 的结晶性，继而有益于光催化活性的提高。正是由于 RGO 和 F⁻ 的协同作用，使得 FTG 复合光催化剂的活性大大增强。

8.4　本章小结

（1）以 TBT、HF 和自制的 GO 溶液为原料，采用一步水热法合成了 FTG 复合光催化剂，并用 TEM、XRD、Raman 光谱和 XPS 进行表征及分析。结果表明，在 TBT 与 HF 物质的量之比为 1：1.5 的条件下经过水热反应后，FTG-4 复合光催化剂中 GO 被部分还原为 RGO，20～30 nm 的 TiO₂ 纳米粒子分散在 RGO 上，TiO₂ 与 RGO 能形成稳定的 Ti—C 键。并且复合光催化剂中的 F⁻ 通过吸附在 TiO₂ 表面，提高了锐钛矿相 TiO₂ 的结晶性。

（2）研究了 TBT 与 HF 的物质的量之比、RGO 的质量分数等合成条件以及催化剂浓度、EE2 溶液初始 pH 等降解条件对 FTG 复合光催化剂降解去除 EE2 的影响，结果表明最佳的合成条件为 TBT 与 HF 的物质的量之比为 1：1.5，RGO 的质量分数为 4%；最优的光催化降解条件为催化剂浓度为 0.3 g/L，EE2 溶液初始 pH 为 6.0。在最优条件下，FTG-4 吸附去除率为 33.0%，光催化降解去除率为 66.7%，总的去除率为 99.7%，而 P25 的吸附去除率为 5.8%，光催化降解去除率为 69.8%，总的去除率只有 75.6%，FTG-4 复合光催化剂对 EE2 的去除率明显高于 P25。

（3）探明了 FTG 复合光催化剂具有高的催化活性的原因，一方面是由于复合光催化剂中 RGO 对 EE2 具有强吸附能力，所以 EE2 在复合光催化剂表面进行富集浓缩，而且水相中的 EE2 可快速迁移至复合光催化剂的表面被降解；另一方面，由于 F⁻ 的存在提高了锐钛矿相 TiO_2 的结晶性，继而有利于光催化反应。

参考文献

[1] Yu J G, Wang W G, Cheng B, et al. Enhancement of photocatalytic activity of mesoporous TiO_2 powders by hydrothermal surface fluorination treatment[J]. Journal of Physical Chemistry C, 2009, 113 (16): 6743-6750.

[2] Tang J W, Quan H D, Ye J H. Photocatalytic properties and photoinduced hydrophilicity of surface-fluorinated TiO_2[J]. Chemistry of Materials, 2007, 19: 116-122.

[3] Yu J G, Zhang J. A simple template-free approach to TiO_2 hollow spheres with enhanced photocatalytic activity[J]. Dalton Transactions, 2010, 39: 5860-5867.

[4] Yu J G, Liu S W, Yu H G. Microstructures and photoactivity of mesoporous anatase hollow microspheres fabricated by fluoride-mediated self-transformation[J]. Journal of Catalysis, 2007, 249: 59-66.

[5] Xu Y M, Kang Le Lv, Xiong Z G, et al. Rate enhancement and rate inhibition of phenol degradation over irradiated anatase and rutile TiO_2 on the addition of NaF: new insight into the mechanism[J]. Journal of Physical Chemistry C, 2007, 111: 19024-19032.

[6] Wang Q, Chen C C, Zhao D, et al. Change of adsorption modes of dyes on fluorinated TiO_2 and its effect on photocatalytic degradation of dyes under visible irradiation[J]. Langmuir, 2008, 24: 7338-7345.

[7] Liu K, Fu, H, Shi K, Xiao F, et al. Preparation of large-pore mesoporous nanocrystalline TiO_2 thin films with tailored pore diameters[J]. Journal of Physical Chemistry B, 109 (40): 18719-18722.

[8] Perera S D, Mariano R G, Vu K, et al. Hydrothermal synthesis of graphene-TiO_2 nanotube composites with enhanced photocatalytic activity[J]. ACS Catalysis, 2012, 2 (6): 949-956.

[9] Sher Shah M S, Park A R, Zhang K, et al. Green synthesis of biphasic TiO_2-reduced graphene oxide nanocomposites with highly enhanced photocatalytic activity[J]. ACS Applied Materials & Interfaces, 2012, 4 (8): 3893-3901.

[10] Wang D T, Li X, Chen J F, et al. Enhanced photoelectrocatalytic activity of reduced graphene oxide/TiO_2 composite films for dye degradation[J]. Chemical Engineering Journal, 2012, 198-199: 547-554.

[11] Zhang Y H, Zhang N, Tang Z R, et al. Improving the photocatalytic performance of graphene-TiO_2 nanocomposites via a combined strategy of decreasing defects of graphene and increasing interfacial contact[J]. Physical Chemistry Chemical Physics, 2012, 14: 9167-9175.

[12] Xiang Q J, Yu J G, Jaroniec M. Enhanced photocatalytic H_2-production activity of graphene-modified titania nanosheets[J]. Nanoscale, 2011, 3: 3670-3678.

[13] Yu J G, Ma T T, Liu G, et al. Enhanced photocatalytic activity of bimodal mesoporous titania powders by C60 modification[J]. Dalton Transactions, 2011, 40: 6635-6644.

[14] Gao E P, Wang W Z, Shang M, et al. Synthesis and enhanced photocatalytic performance of graphene-Bi_2WO_6 composite[J]. Physical Chemistry Chemical Physics, 2011, 13: 2887-2893.

[15] Akhavan O. Graphene nanomesh by ZnO nanorod photocatalysts[J]. ACS Nano, 2010, 4: 4174-4180.

[16] Liu S W, Liu C, Wang W G, et al. Unique photocatalytic oxidation reactivity and selectivity of TiO_2-graphene nanocomposites[J]. Nanoscale, 2012, 4 (10): 3193-3200.

[17] Akhavan O, Azimirad R, Safa S, et al. Visible light photo-induced antibacterial activity of CNT-doped TiO_2 thin films with various CNT contents[J]. Journal of Materials Chemistry, 2010, 20 (35): 7386-

7392.

[18] Akhavan O, Abdolahad M, Abdi Y, et al. Synthesis of titania/carbon nanotube heterojunction arrays for photoinactivation of E. coli in visible light irradiation[J]. Carbon, 2009, 47 (14): 3280-3287.

[19] Jiang B J, Tian C G, Pan Q J, et al. Enhanced photocatalytic activity and electron transfer mechanisms of graphene/TiO₂ with exposed {001} facets[J]. Journal of Physical Chemistry C, 2011, 115 (48): 23718-23725.

[20] Sun J, Zhang H, Guo L H, et al. Two-dimensional interface engineering of a titania-graphene nanosheet composite for improved photocatalytic activity[J]. ACS Applied Materials & Interfaces, 2013, 5 (24): 13035-13041.

[21] Wu H, Ma J, Li Y, et al. Photocatalytic oxidation of gaseous ammonia over fluorinated TiO₂ with exposed (001) facets[J]. Applied Catalysis B: Environmental, 2014, 152-153: 82-87.

[22] Park J S Choi W. Enhanced remote photocatalytic oxidation on surface fluorinated TiO₂[J]. Langmuir, 2004, 20 (26): 11523-11527.

[23] Junqi L, Defang W, Hui L, et al. Synthesis of fluorinated TiO₂ hollow microspheres and their photocatalytic activity under visible light[J]. Applied surface Science, 2011, 257 (13): 5879-5884.

[24] 王文广. 水热表面氟化增强 TiO₂ 粉末的光催化活性[D]. 武汉：武汉理工大学，2009.

[25] Xu J, Wang L, Zhu Y F. Decontamination of bisphenol A from aqueous solution by graphene adsorption[J]. Langmuir, 2012, 28 (22): 8418-8425.

[26] Bai X, Zhang X Y, Hua Z L, et al. Uniformly distributed anatase TiO₂ nanoparticles on graphene: synthesis, characterization and photocatalytic application[J]. Journal of Alloys and Compounds, 2014, 599: 10-18.

第 9 章　生物模板法制备 TiO_2/木炭复合光催化剂及吸附/光催化降解协同去除双酚 A 的研究

9.1　引言

    TiO_2 纳米粉体具有很高的催化活性，但因为其在紫外光照射下主要表现出亲水性，对疏水性有机污染物基本没有吸附能力，而有机污染物吸附至 TiO_2 表面的速率是决定其催化效率的关键，所以当利用 TiO_2 降解水中低浓度强疏水性的内分泌干扰物双酚 A 时，实际处理效果不佳，而且纳米粉体存在回收难、团聚易失活等问题。为了解决这些问题，目前常选用活性炭为载体，制备复合材料，并用于目标污染物的去除研究。本章选用木炭为载体，利用生物模板法制备 TiO_2/木炭复合光催化剂，通过吸附/光催化降解协同去除水中的双酚 A。

    木炭是木材或木质原料燃烧不完全残留的黑色多孔固体燃烧产物，它含有高度芳香化结构的难溶物，属于无定型炭，具有发达的孔结构，较高的比表面积、孔体积，高的吸附容量和足够强的化学稳定性，主要表现为疏水性，是一种优质的有机污染物的吸附剂。相对于活性炭来说，其制备方法更简单，不需要复杂的高温化学活化过程，价格便宜。到目前为止，未见有报道利用木炭为载体制备 TiO_2/木炭复合光催化剂，并应用于环境污染物的去除研究。

    常用于与 TiO_2 复合的炭材料有活性炭 AC[1-3]、竹炭[4]、碳纤维套管 CB[5] 和活性炭纤维等[6]，其中报道最多的是 TiO_2/AC 复合光催化剂，其制备方法主要包括 TiO_2 直接负载法和 TiO_2 前驱体负载法。①TiO_2 直接负载法：将光活性的 TiO_2（或掺杂 TiO_2）粉末配成分散液，采用直接机械混合[7-11]或通过有机黏结剂结合[12]的方式，将粉末固定于炭质载体上。但采用固-固直接机械混合，存在炭材料和 TiO_2 之间结合能力弱、分散不均的问题。而利用有机黏结剂，把 TiO_2 和炭材料黏结在一起，制备 TiO_2/AC 复合光催化剂虽然具有较好的结合能力，但因有机黏结剂（环氧树脂、酚醛树脂等）的加入而使吸附能力和催化活性都有不同程度的下降。②TiO_2 前驱体负载法：将配制的 TiO_2 前驱体溶液经过 sol-gel 法[13]、水热法[14] 和 CVD 法[15] 等一系列的物理、化学的转变负载到炭材料上。

    利用这两种方法制备的 TiO_2/AC 复合光催化剂存在如下问题：①制备材料的方法基本上分为两步，即先得到具有强吸附能力的 AC（或直接用商品 AC），然后再负载光催化剂，制备过程相对复杂，成本较高。②直接负载法制备的复合光催化剂，常存在 AC 和光催化剂之间结合力弱的问题，或因有机黏结剂的加入使其吸附能力和催化活性都有不同程度的下降。③前驱体负载法制备的复合材料，光催化剂很难在 AC 微孔结构中形成，主要负载在其表面，常存在微孔堵塞、比表面积减少、有机污染物从吸附位点至催化剂位点的迁移速率较慢、降解效率低等不足。

针对现有方法中存在的问题，本章提出一种新的 TiO₂/木炭复合光催化剂的制备方法，即生物模板法。通常的生物模板法是指利用天然生物组织为模板来制备材料的新方法，制备的材料模拟了生物组织的特殊结构。可利用的生物组织包括植物的茎干、叶片，昆虫的外壳、鳞片，病毒的蛋白质外壳、DNA 链段，头发，花粉等，这些模板来源广泛，容易获得，成本低。生物模板法的制备过程包括模板预处理、前驱体液的配制、浸泡和反应，最后通过高温焙烧完全去除生物组织，获得模拟了生物组织结构的无机材料。

本章以木材组织为原料，以 TBT 为钛源，HNO₃ 为抑制剂，采用生物模板法，通过浸渍-sol-gel-焙烧等步骤，制得 TiO₂/木炭复合光催化剂，复合光催化剂不需要高温化学活化。利用 SEM、TEM、XRD、元素分析、BET、XPS 等现代分析手段对 TiO₂/木炭复合光催化剂进行了结构表征和分析，重点研究了制备的复合光催化剂通过吸附/光催化降解协同功能去除水体中双酚 A 的机制。

9.2　实验部分

9.2.1　生物模板的前处理

将刺树切成小块（长、宽和高分别为 50 mm、20 mm 和 20mm），去皮，加入 2 mol/L HNO₃ 于 60 ℃水浴中浸泡洗涤 12 h，重复 2 次去除木质材料中的金属离子，再用 C₂H₅OH 于 60 ℃浸泡洗涤 12 h，重复 2 次去除木材中的色素，最后用蒸馏水于 60 ℃浸泡洗涤 12 h，重复 2 次，取出木材，然后在 60 ℃条件下干燥待用。

9.2.2　TiO₂/木炭复合光催化剂的制备

采用生物模板法制备 TiO₂/木炭复合光催化剂，具体实验步骤如下：14 mL TBT 缓慢滴入 64 mL 无水 C₂H₅OH 中，超声 10 min，混合均匀，呈黄色澄清溶液，加入预处理的干燥的 40 g 刺树木头组织，浸泡 12 h 制得 A 液。另取 5.4 mL CH₃COOH 与 14 mL 蒸馏水混匀后，滴入 64 mL C₂H₅OH 中，剧烈搅拌，用 1.0 mol/L HNO₃ 调节溶液 pH 2.0，制得 B 液。在室温下将 B 液缓慢滴入 A 液中（滴速约为 3 mL/min），搅拌 10 min，80 ℃水浴反应 2 h，取出木头部分，用水洗去表面的 TiO₂ 颗粒，60 ℃烘干后，在马弗炉中以 450 ℃焙烧 2 h，研磨，制得灰黑色 TiO₂/木炭复合光催化剂，标记为 TiO₂-WC-450。另外在 400 ℃、500 ℃焙烧 2 h 制得的光催化剂，分别标记为 TiO₂-WC-400 和 TiO₂-WC-500。不加生物模板于 450 ℃下焙烧 2 h 获得的纯 TiO₂ 标记为 TiO₂-450。P25（含质量分数为 80%的锐钛矿 TiO₂

和 20％的金红石相 TiO_2；BET 比表面积为 50 m^2/g，Evonik 公司，德国）作为对照光催化剂。

9.3　结果与讨论

9.3.1　表征与分析

1. 形貌分析

　　为了确定刺树木头组织在制备 TiO_2/木炭复合光催化剂过程中的作用，以及观察复合光催化剂的表面形貌。利用 SEM 对刺树木头组织、TiO_2-WC-500 和 TiO_2-WC-450 进行表征，结果如图 9.1 所示。刺树木头组织具有细长的导管通道，生长方向平行自组装，具有排列有序的多孔结构，孔直径为 2～3 μm［图 9.1(a) 和图 9.1(b)］。图 9.1(c) 为以刺树为生物模板，500 ℃焙烧得到的 TiO_2 光催化剂（TiO_2-WC-500，木炭实际质量分数为 1.4％左右，基本为纯 TiO_2），可以观察到 TiO_2-WC-500 模仿了刺树组织结构，具有管状孔结构。图 9.1(d) 为 450 ℃焙烧制得的 TiO_2/木炭复合光催化剂（TiO_2-WC-450）的 SEM 图，由图可知，TiO_2-WC-450 复合光催化剂的形貌主要为条状、保留了木头的层状和管状，且有明显的硬边存在。

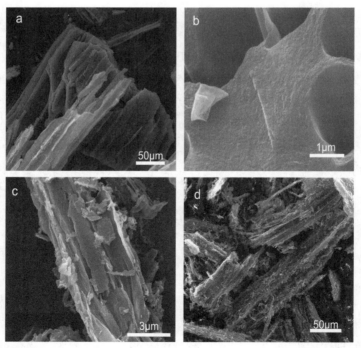

图 9.1　刺树木头组织（a，b）、TiO_2-WC-500（c）和 TiO_2-WC-450（d）的 SEM 图

为了进一步观察复合光催化剂的微结构，利用 TEM 对 TiO₂-WC-500 和 TiO₂-WC-450 进行表征和分析，结果如图 9.2 所示。从 TiO₂-WC-500 的低分辨透射电镜图中可以看出通过生物模板法合成的 TiO₂ 具有木头的条纹结构，且大量的、细小球形纳米颗粒堆积在一起 ［图 9.2(a)］，通过 HRTEM 看到这些球形纳米颗粒的粒径较为均一，为 15～20 nm ［图 9.2(b)］。TiO₂-WC-450 的 TEM 显示复合光催化剂具有棒状结构 ［图 9.2(c)］，对图中的选择区域进行放大后，其 HRTEM ［图 9.2(d)］显示大量的 TiO₂ 分散在木炭上，这些 TiO₂ 具有明显的晶格条纹，结晶性好，颗粒大小为 10～20 nm。

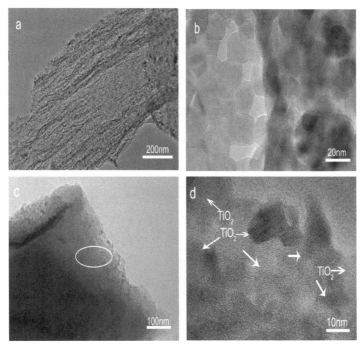

图 9.2 TiO₂-WC-500（a）和 TiO₂-WC-450（c）的 TEM 图，以及 TiO₂-WC-500（b）和
TiO₂-WC-450（d）的 HRTEM ［对应于图 9.2(c)的选择区域］

2. 元素分析

木材是由半纤维素、纤维素和木质素组成的，主要元素是 C、H、O。木炭是由木材燃烧不完全得到的产物，主要由 C 原子、杂碳原子和矿物质（通常指灰分）组成，其中有机碳质量分数（53%）和 C/N 均很高，基本特性是具有高度芳香性和非极性[16-18]。因此木炭对非极性物质具有很好的吸附能力，并已广泛应用于各种有机污染物的吸附研究[19]。为了弄清 TiO₂-WC-400、TiO₂-WC-450 和 TiO₂-WC-500 三种材料中的元素组成及含量，分析光催化剂的性质，了解它们与目标污

染物双酚 A 之间的相互作用，利用元素分析仪对上述三种材料进行元素测定，测定结果如表 9.1 所示。由表可知，TiO_2-WC-400、TiO_2-WC-450 和 TiO_2-WC-500 均含有 C、N 和 H 元素，C 元素的质量分数分别为 39.94%、28.20% 和 1.40%。随着焙烧温度的升高，C 质量分数逐渐减小，当温度升高至 500 ℃焙烧 2 h 制备的 TiO_2-WC-500 的光催化剂基本为纯 TiO_2（碳含量只有 1.40%）。TiO_2-WC-400、TiO_2-WC-450 和 TiO_2-WC-500 三种材料的 N 元素的质量分数分别为 1.426%、1.290% 和 0.526%，H 元素的质量分数分别为 2.480%、1.604% 和 0.380%。

为了分析复合光催化剂的疏水性，我们计算了三种材料中的 H/C 和 C/N 质量比，因为低的 H/C 和高的 C/N 可说明复合光催化剂具有很强的疏水性，计算的结果列于表 9.1。TiO_2-WC-400、TiO_2-WC-450 和 TiO_2-WC-500 三种材料的 H/C 分别为 0.0621、0.0569 和 0.3176，C/N 分别为 28.01、21.86 和 2.66。TiO_2-WC-400、TiO_2-WC-450 两种复合光催化剂具有低的 H/C（<0.2）和高的 C/N，说明复合光催化剂中的木炭组分具有高度的芳香性和非极性[16,20]，这种性质必然会使得复合光催化剂对疏水性有机化合物有很强的吸附能力。然而，对于 TiO_2-WC-500 材料来说，因为其 C 元素的质量分数很小，且 C/N 很低，主要表现出极性性质，对疏水性有机化合物基本没有吸附能力。TiO_2-WC-400、TiO_2-WC-450 和 TiO_2-WC-500 三种材料中 TiO_2 的质量分数一方面可用 100% 减去 C、H 和 N 的质量分数获得，分别为 56.2%，68.9% 和 97.7%。我们也通过 XRF 对 TiO_2-WC-450 进行测定，TiO_2 和 WC 的质量分数分别为 69.5% 和 30.5%，这与元素分析的结果相一致，证明了这种方法获得的 TiO_2 的质量分数是合理的。

基于对 TiO_2-WC 复合光催化剂的形貌分析和元素分析，可以推断出制备过程中的刺树木头组织在材料的制备过程中一方面可作为生物模板，制得的光催化剂模仿了生物组织的管状结构；另一方面刺树木头组织可作为木炭的原材料，因为复合光催化剂中含有木炭组分，复合光催化剂同样具有木头的管状结构，且 TiO_2 分散在木炭里，复合光催化剂具有高度的芳香性和疏水性，对疏水性有机污染物有较强的吸附能力。

表 9.1　TiO_2-WC-400、TiO_2-WC-450 和 TiO_2-WC-500 三种光催化剂的元素质量分数分析及 H/C、C/N 和 TiO_2 质量分数的计算结果

光催化剂	C/%	N/%	H/%	H/C	C/N	TiO_2/%
TiO_2-WC-400	39.94	1.426	2.48	0.0621	28.01	56.2
TiO_2-WC-450	28.20	1.290	1.604	0.0569	21.86	68.9
TiO_2-WC-500	1.40	0.526	0.38	0.3176	2.66	97.7

3. XRD 分析

复合光催化剂中 TiO_2 和木炭组分的晶体特征包括晶相、晶相组成和晶粒尺寸

大小，这些因素均会影响其光催化活性。为了探明复合光催化剂中的 TiO_2 晶相及晶相组成，利用 XRD 对不同焙烧温度下获得的 TiO_2-WC 以及不加生物模板获得的 TiO_2-450 进行表征，结果如图 9.3 所示。由图可知，TiO_2-WC-400、TiO_2-WC-450 和 TiO_2-WC-500 光催化剂中均有 TiO_2 的衍射峰存在，而未观察到木炭的衍射峰，主要原因是木炭为无定型。TiO_2-WC-400、TiO_2-WC-450 和 TiO_2-WC-500 光催化剂的衍射峰分别为 25.3°、37.9°、48.0°、54.4°和 62.8°，分别对应于锐钛矿相 TiO_2 的（101）、（004）、（200）、（105）和（204）晶面，另外在 TiO_2-WC-400、TiO_2-WC-450 和 TiO_2-WC-500 的 XRD 图中还可以检测到 27.4°、36.1°和 41.3°的衍射峰，这些衍射峰分别对应于金红石相 TiO_2 的（110）、（101）和（111）晶面。这个结果说明通过生物模板法制备的 TiO_2-WC-400、TiO_2-WC-450 和 TiO_2-WC-500 三种材料中的 TiO_2 是以锐钛矿相和金红石相混晶形式存在。而不加生物模板制得的 TiO_2-450 催化剂的 XRD 图显示主要衍射峰位于 25.3°、37.9°、48.0°、54.4°和 62.8°，分别归属于锐钛矿相 TiO_2（101）、（004）、（200）、（105）和（204）晶面，并未检测到金红石相 TiO_2 衍射峰存在，说明不加生物模板获得的 TiO_2 为纯锐钛矿相。

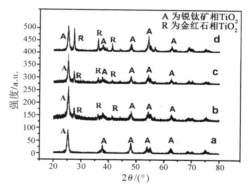

图 9.3　TiO_2-450（a）、TiO_2-WC-400（b）、TiO_2-WC-450（c）和 TiO_2-WC-500（d）的 XRD 图

　　从以上结果分析可知，以刺树木头组织为原料，TBT 为钛源，通过浸渍-sol-gel-焙烧等步骤可以获得锐钛矿相和金红石相混晶 TiO_2。此前未见有文献报道利用 TBT 为钛源，通过 sol-gel 法，在低于 500 ℃下能获得锐钛矿相和金红石相混晶 TiO_2。锐钛矿相和金红石相混晶 TiO_2 产生的主要原因可能是在制备复合光催化剂的过程中，木材转化为木炭过程中产生的额外热量可把部分锐钛矿相 TiO_2 转化成金红石相 TiO_2。而且我们发现随着焙烧温度的升高，TiO_2-WC-400、TiO_2-WC-450 和 TiO_2-WC-500 XRD 图谱中 27.4°的衍射峰的强度逐渐增加，说明金红石相 TiO_2 的质量分数逐渐增加。为了估算锐钛矿相和金红石相 TiO_2 的质量分数，以锐

钛矿相的（101）峰和金红石相的（110）峰的峰强为对象，根据式（9.1）和式（9.2）计算得到锐钛矿相与金红石相 TiO_2 的质量比[21]。

$$W_A = \frac{K_A I_A}{(K_A I_A + I_R)} \tag{9.1}$$

$$W_R = \frac{I_R}{(K_A I_A + I_R)} \tag{9.2}$$

式中，W_A 和 W_R 分别为锐钛矿相和金红石相 TiO_2 的质量之比，I_A 和 I_R 分别为复合光催化剂中锐钛矿相 TiO_2 和金红石相 TiO_2 的（101）和（110）的衍射峰强度，K_A 为常数，其值为 0.886。

计算结果如表 9.2 所示，TiO_2-WC-400、TiO_2-WC-450 和 TiO_2-WC-500 复合光催化剂中锐钛矿相和金红石相 TiO_2 的质量比分别为 80：20、75：25 和 58.5：41.5。随着焙烧温度的升高，金红石相的质量比逐渐增大，主要原因是燃烧含有 TiO_2 粒子的木头时，木质材料在转化为木炭的过程中放出的热量能够增加局部温度，即使焙烧温度小于 600 ℃ 时，局部温度的升高就可使锐钛矿相 TiO_2 转化为金红石相 TiO_2，从而金红石相的比例随着焙烧温度的升高而增大。说明利用生物模板法，通过控制焙烧温度就可以合成出含有一定质量分数的锐钛矿相和金红石相混晶 TiO_2，这是一种合成混晶 TiO_2 的新方法，此前未有文献报道。

为了进一步估算制备的光催化剂中 TiO_2 的晶粒尺寸，我们采用了谢乐公式（2.1）进行相应的计算[22]。计算结果列于表 9.2，TiO_2-WC-400、TiO_2-WC-450 和 TiO_2-WC-500 的锐钛矿相和金红石相的晶粒尺寸分别为 9.9 nm/10.3 nm、11.8 nm/11.9 nm 和 8 nm/10.3 nm，而 TiO_2-450 锐钛矿相晶粒尺寸为 11 nm。说明通过这种方法制备的 TiO_2 的晶粒尺寸较小，小的晶粒尺寸可产生较好的光催化活性。

表 9.2 TiO_2-450、TiO_2-WC-400、TiO_2-WC-450 和 TiO_2-WC-500 中
锐钛矿相 TiO_2 和金红石相 TiO_2 的质量分数和晶粒尺寸

光催化剂	晶相质量分数		晶粒尺寸/nm	
	锐钛矿相/%	金红石相/%	D_A	D_R
TiO_2-450	100	0	11	—
TiO_2-WC-400	80	20	9.9	10.3
TiO_2-WC-450	75	25	11.8	11.9
TiO_2-WC-500	58.5	41.5	8	10.3

总之，以刺树为生物模板和木炭源，采用浸渍-sol-gel-焙烧等步骤，制备的 TiO_2 是以锐钛矿相和金红石相混晶形式存在，可通过控制焙烧温度调节锐钛矿相和金红石相的质量分数，制备的 TiO_2 晶粒尺寸较小。

4. XPS 分析

为了进一步研究 TiO_2-WC 复合光催化剂中的化学组成、碳的化学态以及复合光催化剂中碳与 TiO_2 的相互作用，利用 XPS 对 TiO_2-WC-450 复合光催化剂进行

测试和分析，结果如图 9.4 所示。TiO_2-WC-450 复合光催化剂的全谱图 [图 9.4(a)] 显示在结合能为 284.8 eV、399.2 eV、531 eV 和 458.0eV/463.6 eV 位置有明显的信号，分别归属于 C、N、O、Ti 四种元素。C1s 的 XPS 图谱 [图 9.4(b)] 显示复合光催化剂中的 C 的结合能分别位于 284.4 eV、285.3 eV 和 286.4 eV[23,24]，其中 284.4 eV 和 285.3 eV 分别属于芳香碳和脂肪碳的 C—C 和 C—H，其中 C—C 主要来源于非石墨碳，C—H 主要来源于芳香碳氢和脂肪碳氢[25]，结合能为 286.4 eV 处应该属于 C—O—C 或 C—O—H。而 C1s XPS 图谱未观察到结合能位于 288.6 eV 的碳峰存在，说明复合光催化剂中不存在碳掺杂 TiO_2[26,27]。O1s 的 XPS 图谱有结合能分别为 529.5 eV、531.0 eV 和 532.6 eV 的三个峰（图 9.4(c)），分别归属于 Ti—O—Ti 、 Ti—O—H 和 C—O （ C—OH 或 C—O—C ）[28]。Ti2p 的 XPS 图谱 [图 9.4(d)] 显示有两个峰，结合能分别为 457.96 eV 和 463.64 eV，归属于 TiO_2 中的 Ti2p$\frac{3}{2}$ 和 Ti2p$\frac{1}{2}$，两峰结合能差值为 5.7 eV，说明 Ti 以 Ti^{4+}（TiO_2）形式存在[29]。

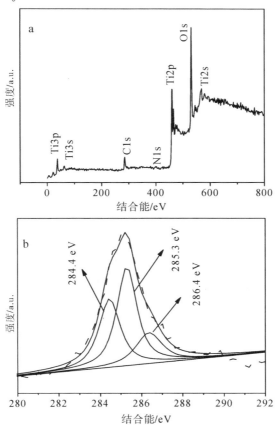

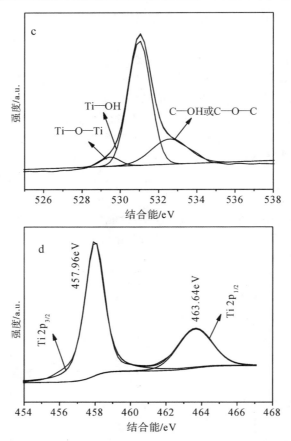

图 9.4　TiO$_2$-WC-450 的 XPS 全谱（a），以及 TiO$_2$-WC-450 的 C1s（b）、
O1s（c）和 Ti2p（d）的 XPS 图谱

5. BET 分析

为了测定自制复合光催化剂的比表面积和孔体积，分析讨论这些参数与其吸附/光催化性能之间的关系，采用 BET 法测定不同焙烧温度下获得的 TiO$_2$-WC 复合材料（TiO$_2$-WC-400、TiO$_2$-WC-450、TiO$_2$-WC-500）和 P25 四种材料。这四种材料的吸附/脱附曲线如图 9.5 所示，可以清晰地观察到 TiO$_2$-WC-400 和 TiO$_2$-WC-450 复合光催化剂的等温线属于Ⅰ和Ⅱ型组合，这表明复合光催化剂中既有微孔，又有大量的介孔存在[4]。然而 TiO$_2$-WC-500 和 P25 的吸附等温线属于Ⅲ型，表明固体与气体之间有弱的相互作用力，是固体堆积产生的孔，而材料中不存在微孔或介孔。TiO$_2$-WC-400、TiO$_2$-WC-450、TiO$_2$-WC-500 和 P25 的 BET 比表面积和孔体积数值列于表 9.3，它们的比表面积分别为 270.89 m^2/g、196.39 m^2/g、45.64 m^2/g 和 50.16 m^2/g，这表明相对于 TiO$_2$-WC-500 和 P25 的低比表面积，TiO$_2$-WC-400 和 TiO$_2$-WC-450 具有更高的 BET 比表面积。TiO$_2$-WC-400 和 TiO$_2$-WC-450 的总的

孔体积分别为 0.1656 m³/g 和 0.1614 cm³/g，其中微孔体积分别为 0.0681 m³/g 和 0.0457 cm³/g，介孔体积分别为 0.0975 m³/g 和 0.1157 cm³/g。这表明相对于 TiO₂-WC-500 和 P25，TiO₂-WC-400 和 TiO₂-WC-450 具有更大的比表面积和孔体积，大的比表面积和孔体积有利于对有机污染物的吸附。

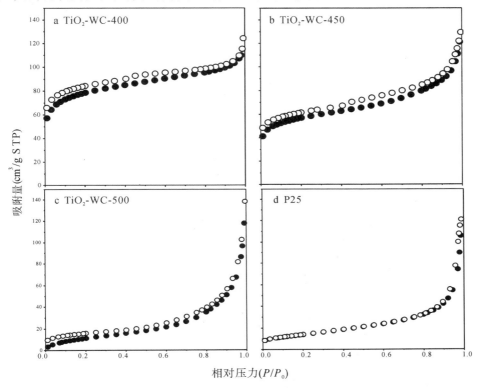

图 9.5　TiO₂-WC-400、TiO₂-WC-450、TiO₂-WC-500 和 P25 光催化剂的 N₂ 吸附
（●）/脱附（○）等温线

表 9.3　TiO₂-WC-400、TiO₂-WC-450、TiO₂-WC-500 和 P25 光催化剂的 BET 比表面积和孔体积

光催化剂	比表面积/（m²/g）	微孔体积/（cm³/g）	介孔体积/（cm³/g）	总的孔体积/（cm³/g）
TiO₂-WC-400	270.89	0.0681	0.0975	0.1656
TiO₂-WC-450	196.39	0.0457	0.1157	0.1614
TiO₂-WC-500	45.64	–	–	–
P25	50.16	–	–	–

9.3.2　吸附/光催化降解协同去除水中双酚 A 研究

　　为了评价复合光催化剂的吸附/光催化降解协同去除有机污染物的能力，利用 TiO₂-WC-400、TiO₂-WC-450、TiO₂-WC-500 和 P25 光催化剂去除水中环境内分泌干扰物双酚 A。吸附和光催化降解实验条件为催化剂的浓度为 0.5 g/L，双酚 A 的

初始浓度 20 mg/L，pH 7.0，暗反应 9 h，分别于 0 h、0.5 h、1 h、3 h、5 h、7 h 和 9 h 时各取出一个样品溶液，计算吸附去除率。然后开启 25 W 的紫外灯进行光催化降解 9 h，分别于 0 h、0.5 h、1 h、3 h、5 h、7 h 和 9 h 时取出样品溶液，计算光催化降解去除率。图 9.6 为 TiO_2-WC-400、TiO_2-WC-450、TiO_2-WC-500 和 P25 光催化剂吸附/光催化降解去除双酚 A 的时间曲线。表 9.4 为 TiO_2-WC-400、TiO_2-WC-450、TiO_2-WC-500 和 P25 四种光催化剂对双酚 A 的吸附去除率、光催化降解去除率和总的去除率。从图 9.6 中的吸附部分可知，在暗处搅拌进行吸附实验时，在 0～30 min 内，双酚 A 被 TiO_2-WC-400、TiO_2-WC-450 两种催化剂快速吸附，吸附去除率从 0% 分别增加至 46.01% 和 15.40%。然而在 0～30 min 内，双酚 A 在 TiO_2-WC-500 和 P25 上的吸附去除很慢，从 0% 分别增加至 3.40% 和 1.03%。吸附时间至 1.0 h 后，吸附速率变慢，基本达到吸附平衡，到达 9 h 时，从表 9.4 可知，双酚 A 在 TiO_2-WC-400、TiO_2-WC-450、TiO_2-WC-500 和 P25 上的吸附去除率分别为 58.67%、24.96%、3.51% 和 1.03%。结果表明 TiO_2-WC-400 和 TiO_2-WC-450 对双酚 A 有很强的吸附能力，且 TiO_2-WC-400 对双酚 A 的吸附去除率大于 TiO_2-WC-450 对双酚 A 的吸附去除率，而 TiO_2-WC-500 和 P25 对双酚 A 的吸附能力很小。主要原因是 TiO_2-WC-400 和 TiO_2-WC-450 复合光催化剂中 C 的质量分数分别为 39.94% 和 28.20%，且 TiO_2-WC-400、TiO_2-WC-450 的比表面积和孔体积均大于 TiO_2-WC-500，同时复合光催化剂中的木炭组分具有很强的疏水性，它与双酚 A 之间通过疏水作用力相结合。TiO_2-WC-500 和 P25 在水中主要表现为亲水性，对疏水性双酚 A 基本没有吸附能力。这个结果说明疏水性木炭和 TiO_2 复合后可大幅提高极性 TiO_2 对疏水性有机污染物的吸附能力，实现对水中双酚 A 的富集浓缩。当开启 20 W 紫外光光照 9 h 之后，四种材料对双酚 A 的光催化降解去除率结果如表 9.4 所示，TiO_2-WC-400、TiO_2-WC-450、TiO_2-WC-500 和 P25 对双酚 A 的光催化降解去除率分别为 21.41%、53.40%、54.60% 和 28.80%，总的去除率分别为 80.08%、78.32%、58.10% 和 29.83%。结果表明 TiO_2-WC-400、TiO_2-WC-450 和 TiO_2-WC-500 均有较好的光催化降解效率，主要原因是这三种催化剂均含有锐钛矿相和金红石相 TiO_2 混晶，混晶 TiO_2 的催化活性优于纯锐钛矿相 TiO_2，因为混晶中锐钛矿相和金红石相 TiO_2 的晶体结构和能带结构不同，两者的能带发生交叠，金红石相在光的作用下产生的光生电子会迁移到锐钛矿相 TiO_2 导带，有效抑制了光生电子-空穴对的复合，从而表现出更高的催化活性，原理如图 9.7 所示[30-32]。因此，在衡量自制光催化剂的活性时，常用 P25 作为对照光催化剂（锐钛矿相和金红石相 TiO_2 质量比为 80∶20[33]）。虽然 TiO_2-WC-450 和 P25 光催化剂中的锐钛矿相与金红石相 TiO_2 的质量比均为 80∶20，但 TiO_2-WC-450 的催化降解效率是 P25 的 1.85 倍，主要原因可能是 TiO_2-WC-450 复合光催化剂中的木炭组分与水中的双酚 A 有很强的疏水相互作用力，使得水中的双酚 A 快速迁移至复合光催化剂中的木炭吸附位点，然后再转移至 TiO_2 表面而被快速降解，而 P25 对水中双酚 A 基本没有吸附能力，水中双酚 A 迁移至 P25 表面完全靠浓度梯度驱动，迁移速率较慢[1]。除此之外，TiO_2-WC-450 大的比表面积和孔体积也可能会减少 TiO_2 组分的团聚，进而大大提高其催化活性。TiO_2-WC-400 的光催化降解双酚 A 的去除率远小于 TiO_2-WC-450，主要是由于 TiO_2-WC-400 中黑色木炭的含量更高，过量的木炭会吸收紫外光，降低 TiO_2 对紫外光的利用率。TiO_2-WC-500 光催化降解双酚 A 的去除率是 P25 的 1.90 倍，可能的原因一方面是 TiO_2-WC-500 光催化剂中的锐钛相 TiO_2 和金红石相的比例为 58.5∶41.5，接近文献报道的最佳值（60∶40），从而表现出更高的催化活性[34]。另一方面是 TiO_2-WC-500 光催化剂模拟了刺树木头组织的结构，生成的 TiO_2 纳米颗粒（10～15 nm）比 P25 颗粒（约为 25 nm）小，且获得的锐钛矿相 TiO_2 和金红石相 TiO_2 紧密接触在一起，有利于表面光生电子-空穴对的更好分离，其光催化活性更高[35]。

　　总之，TiO_2-WC-400 和 TiO_2-WC-450 复合光催化剂对水中双酚 A 具有优异的吸附能力，TiO_2-WC-400 的光催化活性略低于 P25，TiO_2-WC-450 的光催化活性是 P25 的 1.85 倍。相对于 P25，TiO_2-WC-500 光催化剂有着更高的催化活性（1.90 倍）。当利用 TiO_2-WC-400 和 TiO_2-WC-450 复合光催化剂通过吸附/光催化降解协同去除水中双酚 A 时，总的去除率均可达到 80% 左右。所以，以木头组织为生物模板和木炭源，采用浸渍-sol-gel-焙烧等步骤，制得 TiO_2-WC-400 和 TiO_2-WC-450 复合光催化剂，可以利用复合光催化剂中的木炭组分的强吸附能力，以及锐钛矿相和金红石相混晶 TiO_2 的高催化活性，通过吸附/光催化降解协同功能去除水体中的低浓度双酚 A，也有望利用该类复合光催化剂对其他低浓度、高毒性和强疏性污染物的协同去除。

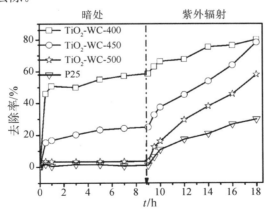

图 9.6　TiO_2-WC-400、TiO_2-WC-450、TiO_2-WC-500 和 P25（0.5 g/L）吸附/
光催化降解双酚 A（20 mg/L）时间曲线（箭头表示光照开始）

表 9.4　双酚 A 在 TiO₂-WC-400、TiO₂-WC-450、TiO₂-WC-500 和 P25
光催化剂的吸附去除率、光催化降解去除率和总的去除率

光催化剂	吸附去除率/%	光催化降解去除率/%	总的去除率/%
TiO₂-WC-400	58.67	21.41	80.08
TiO₂-WC-450	24.96	53.40	78.32
TiO₂-WC-500	3.51	54.60	58.10
P25	1.03	28.80	29.83

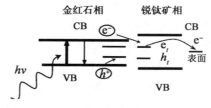

图 9.7　锐钛矿相和金红石相混晶 TiO₂ 中的光生电子-空穴对分离示意图[31]

9.4　本章小结

（1）利用刺树的木头组织兼作木炭原料及 TiO₂ 的生物模板，采用浸渍-sol-gel-焙烧等步骤制得了 TiO₂-WC 复合光催化剂，并用 SEM、TEM、XRD、元素分析、BET 比表面积测试和 XPS 对复合光催化剂进行了表征及分析。结果表明，$15\sim20$ nm TiO₂ 纳米粒子分散在木炭中，该复合光催化剂模拟了木头的管状和棒状结构。木炭的质量分数为 $28.20\sim39.94\%$，具有高度的芳香性和疏水性。复合光催化剂中 TiO₂ 含有锐钛矿相和金红石相，其质量比为 80:20~75:25。

（2）利用 TiO₂-WC 复合光催化剂去除水中双酚 A 的结果表明，相对于 P25 的低吸附能力（去除率为 1.03%），TiO₂-WC-400 和 TiO₂-WC-450 复合光催化剂具有更高的吸附能力，吸附去除率分别为 58.67% 和 24.96%，同时它们还具有很高的光催化降解去除率，分别为 21.41% 和 53.40%。TiO₂-WC-450 对双酚 A 的光催化降解去除率是 P25 的 1.85 倍。TiO₂-WC-400 和 TiO₂-WC-450 复合光催化剂对双酚 A 的总的去除率分别达 80.08% 和 78.32%，分别为 P25（29.83%）的 2.68 倍和 2.63 倍。说明可利用 TiO₂-WC 复合光催化剂中疏水性木炭通过疏水作用力，实现对水中疏水性双酚 A 的吸附去除，同时可利用复合光催化剂中高活性的 TiO₂实现光催化降解去除双酚 A。

创新点：①复合光催化剂的制备过程简单，成本低。复合光催化剂的制备是直接利用木质生物模板作为制备木炭的原料和制备具有一定特殊结构的 TiO₂ 的模板，制得的复合光催化剂具有木质材料特有的多孔结构，且制备过程无须化学活化过

程，即可直接用于污染物的去除，具有较好的吸附/光催化降解协同治理效果；而现有技术制备 TiO₂/AC 复合光催化剂基本上分为两步，先得到具有强吸附能力的活性炭、炭黑和竹炭等，然后再通过 TiO₂ 直接负载法或 TiO₂ 前驱体负载法制得负载型 TiO₂，制备过程复杂，另外所用的炭材料一般需要活化，成本高。②TiO₂/WC 复合光催化剂中 TiO₂ 和木炭分布均匀，活性高。复合光催化剂的制备直接以木头组织为木炭源，制备 TiO₂ 的钛源直接进入木头组织的多孔结构中，在生成多孔结构木炭的同时，在孔道内部生成了 TiO₂，复合光催化剂的分散性好，活性高；而 TiO₂/AC 复合光催化剂中的 TiO₂ 纳米粉体一般会包覆在炭材料的表面，易造成炭材料的孔径堵塞，减少了炭材料的吸附活性位点，使得吸附效果下降明显，从而影响催化活性。③TiO₂/WC 复合光催化剂中的 TiO₂ 同时具有一定比例的锐钛矿相和金红石相，因而具有更高的催化活性。复合光催化剂的制备过程直接以木材为原料，在 400~450 ℃ 的低温煅烧条件下，利用木材转化为木炭过程中产生的额外热量，在生成锐钛矿相 TiO₂ 的同时可产生一定比例的金红石相 TiO₂；现有 TiO₂/AC 技术中一般直接以 AC 等为炭源，低温煅烧不会产生额外热量，只能产生单一锐钛矿相 TiO₂。

参考文献

[1] Wang X J, Liu Y F, Hu Z H, et al. Degradation of methyl orange by composite photocatalysts nano-TiO₂ immobilized on activated carbons of different porosities[J]. Journal of Hazardous Materials, 2009, 169 (1-3)：1061-1067.

[2] Wang X J, Hu Z H, Chen Y J, et al. A novel approach towards high-performance composite photocatalyst of TiO₂ deposited on activated carbon[J]. Applied surface Science, 2009, 255 (7)：3953-3958.

[3] Gao B F, Yap P S, Lim T M, et al. Adsorption-photocatalytic degradation of acid red 88 by supported TiO₂：effect of activated carbon support and aqueous anions[J]. Chemistry Engineering Journal, 2011, 171 (3)：1098-1107.

[4] Wang X J, Wu Z, Wang Y, et al. Adsorption-photodegradation of humic acid in water by using ZnO coupled TiO₂/bamboo charcoal under visible light irradiation[J]. Journal of Hazardous Materials, 2013, 262：16-24.

[5] Mao C C, Weng H S. Promoting effect of adding carbon black to TiO₂ for aqueous photocatalytic degradation of methyl orange[J]. Chemistry Engineering Journal, 2009, 155 (3)：744-749.

[6] Miyawaki J, Shimohara T, Shirahama N, et al. Removal of NO$_x$ from air through cooperation of the TiO₂ photocatalyst and urea on activated carbon fiber at room temperature[J]. Applied Catalysis B：Environmental, 2011, 110：273-278.

[7] Cordero T J, Chovelon M, Duchamp C, et al. Surface nano aggregation and photocatalytic activity of TiO₂ on H-type activated carbons[J]. Applied Catalysis B：Environmental, 2007, 73 (3-4)：227-235.

[8] Le H A, Linh L T, Chin S, et al. Photocatalytic degradation of methylene blue by a combination of TiO₂-anatase and coconut shell activated carbon[J]. Powder Technology, 2012, 225：167-175.

[9] Ravichandran L, Selvam K, Swaminathan M. Highly efficient activated carbon loaded TiO₂ for photo defluoridation of pentafluorobenzoic acid[J]. Journal of Molecular Catalysis A：Chemistry, 2010, 317 (1-2)：89-96.

[10] Zhang Z H, Xu Y, Ma X P, et al. Microwave degradation of methyl orange dye in aqueous solution in the presence of nano-TiO_2-supported activated carbon (supported-TiO_2/AC/MW) [J]. Journal of Hazardous Materials, 2012, 209-210: 271-277.

[11] Velasco L F, Parra J B, Ania C O. Role of activated carbon features on the photocatalytic degradation of phenol[J]. Applied surface Science, 2010, 256 (17): 5254-5258.

[12] Zhang W L, Li Y, Wang C, et al. Kinetics of heterogeneous photocatalytic degradation of rhodamine B by TiO_2-coated activated carbon: roles of TiO_2 content and light intensity[J]. Desalination, 2011, 266 (1-3): 40-45.

[13] Xue G, Liu H H, Chen Q Y, et al. Synergy between surface adsorption and photocatalysis during degradation of humic acid on TiO_2/activated carbon composites[J]. Journal of Hazardous Materials, 2011, 186 (1): 765-772.

[14] Asiltürk M, ener. TiO_2-activated carbon photocatalysts: preparation, characterization and photocatalytic activities[J]. Chemistry Engineering Journal, 2012, 180: 354-363.

[15] Li Puma G, Bono A, Krishnaiah D, et al. Preparation of titanium dioxide photocatalyst loaded onto activated carbon support using chemical vapor deposition: a review paper[J]. Journal of Hazardous Materials, 2008, 157 (2-3): 209-219.

[16] Fernandes M B, Skjemstad J O, Johnson B B, et al. Characterization of carbonaceous combustion residues. I. morphological, elemental and spectroscopic features[J]. Chemosphere, 2003, 51 (8): 785-795.

[17] Smith D M, Akhter M S, Jassim J A, et al. Studies of the structure and reactivity of soot[J]. Aerosol Science and Technology, 1989, 10 (2): 311-325.

[18] Fernandes M B, Brooks P. Characterization of carbonaceous combustion residues: II. nonpolar organic compounds[J]. Chemosphere, 2003, 53 (5): 447-458.

[19] Mukherjee S, Kumar S, Misra A K, et al. Removal of phenols from water environment by activated carbon, bagasse ash and wood charcoal[J]. Chemistry Engineering Journal, 2007, 129 (1-3): 133-142.

[20] McBeath A V, Smernik R J, Schneider M P W, et al. Determination of the aromaticity and the degree of aromatic condensation of a thermosequence of wood charcoal using NMR[J]. Organic Gechemistry, 2011, 42 (10): 1194-1202.

[21] He Z Q, Cai Q L, Fang H Y, et al. Photocatalytic activity of TiO_2 containing anatase nanoparticles and rutile nanoflower structure consisting of nanorods[J]. Journal Environmental Science, 2013, 25 (12): 2460-2468.

[22] Leghari S A K, Sajjad S, Chen F, et al. WO_3/TiO_2 composite with morphology change via hydrothermal template-free route as an efficient visible light photocatalyst[J]. Chemistry Engineering Journal, 2011, 166 (3): 906-915.

[23] Darmstadt H, Roy C, Kaliaguine S. ESCA characterization of commercial carbon blacks and of carbon blacks from vacuum pyrolysis of used tires[J]. Carbon, 1994, 32 (8): 1399-1406.

[24] Nishimiya K, Heta T, Imamura Y. Analysis of chemical structrue of wood charcoal by xay-ray photoelectron spectroscopy[J]. Journal of Wood Science, 1998, 44 (1): 56-61.

[25] Huttepain M, Oberlin A. Micro texture of non-graphitizing carbons and TEM studies of some activated samples[J]. Carbon, 1990, 28: 103-111.

[26] Hassan M E, Cong L C, Liu G L, et al. Synthesis and characterization of C-doped TiO_2 thin films for visible-light-induced photocatalytic degradation of methyl orange[J]. Applied surface Science, 2014, 294 (1): 89-94.

[27] Li H Y, Wang D J, Fan H M, et al. Synthesis of highly efficient C-doped TiO₂ photocatalyst and its photo-generated charge-transfer properties[J]. Journal of Colloid and Interface Science, 2011, 354 (1): 175-180.

[28] Yuan R S, Guan R B, Liu P, et al. Photocatalytic treatment of wastewater from paper mill by TiO₂ loaded on activated carbon fibers[J]. Colloid and Surfaces A: Physicochemical and Engineering Aspects, 2007, 293 (1-3): 80-86.

[29] Quiñones D H, Rey A, álvarez P M, et al. Enhanced activity and reusability of TiO₂ loaded magnetic activated carbon for solar photocatalytic ozonation[J]. Applied Catalysis B: Environmental, 2014, 144: 96-106.

[30] Bickley R I, Gonzalez-Carreno T, Lees J S, et al. A structural investigation of titanium dioxide photocatalysts[J]. Journal of Solid State Chemistry, 1991, 92 (1): 178-190.

[31] Deanna D C, Agrios G A, Gray K A. Explaining the enhanced photocatalytic activity of Degussa P25 mixed-phase TiO₂ using EPR[J]. Journal of Physical Chemistry B, 2003, 107: 4545-4549.

[32] Bacasa R R, Kiwi J. Effect of rutile phase on the photocatalytic properties of nanocrystalline titania during the degradation of p-coumaric acid[J]. Applied Catalysis B: Environmental, 1998, 16 (1): 19-29.

[33] Yamazaki S, Matsunaga S, Hori K. Photocatalytic degradation of trichloroethylene in water using TiO₂ pellets[J]. Water Research, 2001, 35 (4): 1022-1028.

[34] Su R, Bechstein R, So L, et al. How the anatase-to-rutile ratio influences the photoreactivity of TiO₂[J]. Journal of Physical Chemistry C, 2011, 115: 24287-24292.

[35] Ohno T, Sarukawa K, Tokieda K, et al. Morphology of a TiO₂ photocatalyst (Degussa, P-25) consisting of anatase and rutile crystalline phases[J]. Journal of Catalysis, 2001, 203 (1): 82-86.

第 10 章 结论与展望

10.1 结论

环境中低浓度、高毒性新型有机污染物的污染控制已经成为环境领域关注的热点和治理的难点。本书以自然水体中、污水处理厂出水口大量检出的外源性物质双酚 A 和雌激素效应最强的人工合成雌激素 EE2 为新型污染物的代表，研究利用吸附/光催化降解协同技术安全去除这类污染物的可能性。针对普遍采用的 TiO$_2$ 光催化剂存在量子效率低、对这类污染物基本没有吸附能力、降解效率低及去除不完全等问题，通过把它与具有吸附能力的改性 Hβ（50）沸石、苯基功能化介孔硅、RGO 和 WC 等结合，制得 7 种具有吸附/光催化降解协同功能的 TiO$_2$ 复合材料。采用 SEM、TEM、XRD、Raman 光谱、XPS、BET、FT-IR、XRF 和元素分析等对 7 种复合材料进行表征和分析。研究了这些复合光催化剂的结构以及吸附/光催化降解协同去除双酚 A、EE2 的性能之间的关系，取得了较好的研究结果，对这类污染物的去除提供了较好的思路。

（1）以改性 Hβ 为载体，采用浸渍-焙烧法制备了 TiO$_2$/改性 Hβ 复合材料，并应用于水体中双酚 A 的吸附/光催化降解协同去除。结果表明，以吸附能力最强的 T-Hβ（50）沸石（吸附量 79.14 mg/g）为载体，TiO$_2$ 与 T-Hβ（50）沸石质量比为 1∶10 条件下制备的 1-10TiO$_2$/T-Hβ（50）复合材料的光催化活性最高，达 0.40 mg/（g·h），其光催化活性是 P25［0.23 mg/（g·h）］的 1.76 倍。经过 24 h 的吸附-光催化实验，1-10TiO$_2$/T-Hβ（50）复合材料对 200 mg/L 双酚 A 溶液的吸附/光催化降解协同去除率高达 92.6%，远高于 P25 与改性沸石机械混合所得复合材料 1-10P25/T-Hβ（50）的去除率 6.06% 和 77.0%。1-10TiO$_2$/T-Hβ（50）复合材料的光催化降解去除率为 10.1%，是 P25（5.67%）和 1-10P25/T-Hβ（50）（4.7%）的 1.74 倍和 2.15 倍。

（2）以商品 TiO$_2$（P25）为钛源，TEOS 和 PHTES 为硅源，CTAB 为结构导向剂，水和氨水为催化剂，C$_2$H$_5$OH 为分散剂，采用 sol-gel 法，在 P25 的表面，制备了一层苯基功能化 SiO$_2$。主要研究了该复合材料（TiO$_2$/Ph-MS）中苯基的引入对其吸附/光催化降解双酚 A 的影响，以及评价其光催化活性。通过结构表征和性能测试，结果表明 TiO$_2$/Ph-MS 复合光催化剂是由 20~30 nmTiO$_2$ 核和 2.5 nm 介孔硅壳层组成，形成核/壳结构材料，且壳层中有疏水性的苯基存在。介孔硅壳层中引入的苯基对复合材料的吸附性能产生重要的影响，苯基引入前后对双酚 A 的吸附去除率分别为 0.4% 和 8.2%，光催化降解去除率分别为 20.24% 和 14.35%，总的去除率分别为 28.34% 和 14.72%，总的去除率提高了近 1 倍。TiO_2-Ph-MS 光催化降解双酚 A 的速率常数（0.00169 min^{-1}）是 TiO_2/MS（0.00108 min^{-1}）的 1.57 倍。苯基的引入改变了复合材料的疏水性，提高了复合光催化剂对双酚 A 的吸附能力，加快水中双酚 A 迁移至复合光催化剂表面的速率，从而表现出更高的催化活性。

（3）利用改进的 Hummer 方法制备了氧化石墨。然后在 C_2H_5OH 和 H_2O 的混合溶剂中，以 P25 和自制的 GO 为原料，采用水热法制备了 TiO_2-RGO 复合光催化剂。研究了复合光催化剂中 RGO 的质量分数对其形貌和吸附/光催化降解双酚 A 去除率的影响，优化了水热反应时 H_2O 和 C_2H_5OH 的体积比例。重点研究了该复合光催化剂吸附/光催化降解协同去除双酚 A 的性能，并评价了该复合光催化剂的催化性能。通过结构测试和吸附/光催化降解双酚 A 研究，结果表明，H_2O 和 C_2H_5OH 混合溶剂中的 C_2H_5OH 通过水热反应可把 GO 还原为 RGO，还原比例为 98.50%，且反应液中 GO 质量分数的增大对复合光催化剂中 TiO_2 的分散性和 RGO 的厚度产生重要的影响。当 RGO 的质量分数为 3.0% 时，20～30 nm 的 TiO_2 纳米粒子均匀地分散在 RGO 上；最佳的制备条件为 H_2O 和 C_2H_5OH 的体积比为 2∶1。在最佳条件下，制备的复合光催化剂吸附和光催化降解协同作用去除双酚 A，其吸附去除率为 12.2%，光催化降解去除率为 70.4%，总的去除率为 82.6%，而 P25 的吸附去除率仅为 1%，且其光催化降解去除率也只有 44%，总的去除率只有 45%。P25-3RGO 对双酚 A 的光催化活性（0.0132 min^{-1}）是 P25（0.00451 min^{-1}）的 2.93 倍。P25-3RGO 高的催化活性一方面是因为复合光催化剂中 RGO 组分可加快水相中双酚 A 迁移至复合材料表面的速率，另一方面是因为该材料具有更好的分散性，RGO 对光生电子和空穴的分离能力更好。

（4）以自制的 GO 为原料，$TiCl_4$ 为钛源，HF 酸为氟源，一步水热法合成了 F-TiO_2-RGO 复合光催化剂。主要研究了 GO 与 TiO_2 质量比和 $TiCl_4$ 与 HF 的物质的量之比等制备条件对 F-TiO_2-RGO 吸附/光催化降解去除双酚 A 的影响。探讨了双酚 A 的初始浓度、溶液 pH 和催化剂浓度等降解条件对吸附/光催化降解性能的影响。评价了该复合光催化剂的催化性能，重点研究了 F-TiO_2-RGO 中的 F^- 和 RGO 在吸附/光催化降解协同去除双酚 A 中的作用。通过结构表征和性能测试，结果表明，三元复合光催化剂的最佳的制备条件为 HF 与 $TiCl_4$ 的物质的量之比为 1∶1，RGO 的质量分数为 10.0%，在制备过程中加入的 HF 阻止了 TiO_2 从锐钛矿相转变为金红石相，复合材料中的 TiO_2 为纯锐钛矿相，颗粒大小为 30～35 nm，在不加任何还原剂的情况下，利用水热反应可还原 GO 中 36.60% 的含氧基团，TiO_2 分散在 RGO 上，且它们之间形成稳定的 Ti—C 键。最佳的光催化降解条件是催化剂浓度为 1.0 g/L，双酚 A 的初始浓度为 5 mg/L，溶液初始 pH 为 5.0。在最佳条件下，F-TiO_2-10RGO 对双酚 A 的吸附去除率为 21.76%，光催化降解去除率为

65.90%，总的去除率为 87.66%，而 P25 的吸附去除率为 1.31%，光催化降解去除率为 42.85%，总的去除率为 44.16%。F-TiO$_2$-10RGO 催化降解双酚 A 的速率常数（0.01501 min^{-1}）是 P25（0.00440 min^{-1}）和 D-TiO$_2$-10RGO（0.00975 min^{-1}）的 3.41 倍和 1.54 倍。F-TiO$_2$-RGO 高的催化活性主要是由于复合光催化剂中 RGO 对目标双酚 A 的吸附能力，以及复合光催化剂中的表面 F$^-$ 和 RGO 可协同抑制 TiO$_2$ 光生电子-空穴的复合。

（5）在 C$_2$H$_5$OH 和 H$_2$O 的混合溶剂中，以 TBT 和自制的 GO（H$_2$O 和 C$_2$H$_5$OH 混合溶剂）为原料，采用水热法制备了 TiO$_2$-RGO 复合光催化剂。材料表征的结果表明，在 H$_2$O 和 C$_2$H$_5$OH 的体积比为 1∶1 时，通过水热反应后，在 TiO$_2$-8RGO 复合光催化剂中，GO 被部分还原，5～10 nm 的 TiO$_2$ 纳米粒子分散在 RGO 上，并且 TiO$_2$ 与 RGO 之间能形成稳定的 Ti—C 键。通过 TiO$_2$-RGO 复合光催化剂对 EE2 的降解去除实验，研究并优化了最佳催化剂制备条件和光催化反应条件。结果表明最佳的合成条件为 H$_2$O 和 C$_2$H$_5$OH 的体积比为 1∶1，RGO 的质量分数为 8%；最优光催化反应条件为催化剂浓度为 0.3 g/L，EE2 溶液初始 pH 为 6.0。最优条件下，TiO$_2$-8RGO 复合光催化剂对 EE2 的吸附去除率为 41.7%，光催化降解去除率为 58.0%，总的去除率为 99.7%，而 P25 对 EE2 的吸附去除率为 5.8%，光催化降解去除率为 69.8%，总的去除率只有 75.6%，TiO$_2$-8RGO 复合光催化剂对 EE2 的去除率明显高于 P25。而 TiO$_2$-RGO 复合光催化剂具有高的催化活性的原因，主要是 RGO 与 TiO$_2$ 复合后，RGO 可通过与 EE2 的 π-π 相互作用力加快水中低浓度疏水性 EE2 迁移至 TiO$_2$ 的表面，起到富集浓缩作用，从而使得 EE2 被迅速降解。通过 RGO 的吸附作用和 TiO$_2$ 的光催化降解作用协同去除 EE2，从而提高复合光催化剂的去除效率。

（6）以 TBT、HF 和自制的 GO 溶液为原料，一步水热法合成了 FTG 复合光催化剂。材料表征的结果表明，在 TBT 与 HF 物质的量之比为 1∶1.5 的条件下制得的 FTG-4 复合光催化剂中 GO 被部分还原，20～30 nm 的 TiO$_2$ 纳米粒子分散在 RGO 上，TiO$_2$ 与 RGO 中能形成稳定的 Ti—C 键。并且复合光催化剂中的 F$^-$ 通过吸附在 TiO$_2$ 表面，从而提高了锐钛矿相 TiO$_2$ 的结晶性。最佳的合成条件为 TBT 与 HF 的物质的量之比为 1∶1.5，RGO 的质量分数为 4%；最优光催化反应条件为催化剂浓度为 0.3 g/L，EE2 溶液初始 pH6.0。在最优条件下，FTG-4 吸附去除率为 33.0%，光催化降解去除率为 66.7%，总的去除率为 99.7%，而 P25 的吸附去除率为 5.8%，光催化降解去除率为 69.8%，总的去除率只有 75.6%，FTG-4 复合光催化剂对 EE2 的去除率明显高于 P25。探明了 FTG 复合光催化剂具有高的催化活性的原因，一方面是由于复合光催化剂中 RGO 对 EE2 的强吸附能力，使得 EE2 在复合光催化剂表面进行富集浓缩，而且水中的 EE2 可快速迁移至复合光催化剂的表面被降解；另一方面，由于 F$^-$ 的存在提高了锐钛矿相 TiO$_2$ 的结晶性，继而有利于光催化反应。

（7）以刺树为生物模板、TBT 为钛源，在酸性条件下，用生物模板法，通过浸渍-sol-gel-焙烧等步骤，制得 TiO_2/WC 复合光催化剂。重点研究了复合光催化剂的结构，以及吸附/光催化降解协同去除水中的双酚 A。通过结构表征和性能测试，结果表明 TiO_2-WC-400 和 TiO_2-WC-450 复合光催化剂是由 $15\sim20$ nmTiO_2 纳米粒子和木炭组成，它们模拟了木头的管状和棒状结构，其中木炭的质量比例为 28.20% $\sim39.94\%$，具有高度的芳香性和疏水性，TiO_2 是以锐钛矿相和金红石相混晶形式存在，其质量比为 80：20 至 75：25；相对于 P25 的低吸附能力（去除率为 1.03%），TiO_2-WC-400 和 TiO_2-WC-450 复合光催化剂具有更高的吸附能力，吸附去除率分别为 58.67% 和 24.96%，同时它们还具有很高的光催化降解去除率，分别为 21.41% 和 53.40%。TiO_2-WC-450 对双酚 A 的光催化降解去除率是 P25 的 1.85 倍。TiO_2-WC-400 和 TiO_2-WC-450 复合光催化剂对双酚 A 的总的去除率分别达 80.08% 和 78.32%，而 P25 的总的去除率只有 29.83%。TiO_2-WC-400 和 TiO_2-WC-450 复合光催化剂总的去除率分别为 P25 的 2.68 倍和 2.63 倍。

10.2　展望

本著作制备了 TiO_2/疏水改性沸石（介孔硅）、TiO_2/石墨烯和 TiO_2/WC 三类 TiO_2 复合光催化剂，通过吸附/光催化降解协同技术去除水中新型有机污染物代表双酚 A 和 EE2，结果表明制备的复合光催化剂对双酚 A、EE2 具有较好的吸附能力，同时显示出更高的光催化性能，可通过吸附/光催化降解协同有效去除水中的双酚 A 和 EE2。然而制备的这三类材料还存在只吸收紫外光和光催化效率不高等不足。因此，本课题组将在如下几方面继续开展工作：①在已有的实验基础上，可选择合适的窄禁带半导体与 TiO_2 形成异质结光催化剂，负载至具有吸附能力的多孔材料上，使得光生电子-空穴对进一步有效分离的同时，光谱响应扩展至可见光响应，通过吸附/光催化降解协同技术有效去除这类污染物。②设计制备选择性吸附目标污染物的光催化剂，解决水体中大量存在的极性天然有机质对目标污染物的抑制的问题，研究实际水体中极性天然有机质、无机离子等的影响，并针对实际水体设计制备抗干扰能力的复合光催化剂。③评价制备的复合光催化剂处理这类污染物的环境风险问题。通过降解中间体检测，提出降解途径，研究降解过程产物的雌激素效应变化，探明环境风险，为其他低浓度、疏水性新型有机污染物的去除提供可能的途径。④为了降低水处理成本，吸附/光催化降解协同技术与污水处理厂的生物处理法相结合，设计合适的反应器是未来发展的趋势之一。